21世纪高职高专规划教材·生化制药系列

制药试验设计与统计技术

主　编　陈秀虎　杨　敏

副主编　苏成柏

参　编　黄永敬　刘细群　李长洪　唐小付

主　审　白厚义

中国人民大学出版社

·北京·

前　言

《制药试验设计与统计技术》是应用概率论与数理统计原理，对医药、生物等相关领域的数据资料进行正确的搜集、整理、分析和解释，以揭示其统计规律性的应用工具学科，是提高学生职业素质和今后可持续发展的重要应用工具。

本书作为职业教育类规划教材之一，以制药厂药品的质量检验和生产工艺参数的选择与调整为主要背景，以食品厂食品的质量检验和酶解工艺参数的选择与调整为知识拓展背景，以质量检验员和生产技术员的工作过程为主线组织构建A线课程教学框架和B线拓展训练结构。A、B两条线都设计了两个项目，A线是：药品A的质量检验和生产工艺参数的选择与调整；B线是：食品A的质量检验和酶解工艺参数的选择与调整。本书本着“基础理论适度够用、实用、简化统计手段、应用真实背景、突出职业能力培养”的指导原则选择组织教学和训练内容。同时在保持数理统计知识系统性的前提下，把常用的基本试验设计方法与统计分析进行重组序化融合为一体，以 Microsoft Office Excel 作为统计分析工具，淘汰手工公式计算过程，实现统计理论与应用的融合，培养高职学生对常用办公软件的应用能力，突出高职学生知识应用能力的培养，体现“学以致用”和教学“与时俱进”的特点。

本书具有以下主要特点：

1. 教材的内容选择方面，在保证基础知识系统完整的前提下，以学生将来的工作岗位对知识和技能的需要为原则，以培养学生的职业能力为目的，坚持理论必需够用为度；以真实的科研和工作实例作为背景，以真实的或虚拟的任务为载体，以工作的基本过程为主线组织教学内容，把简洁易懂的 Microsoft Office Excel 自带统计分析工具引入实际统计工作过程，把常用的基本试验设计与统计知识进行重组与序化，以形成新的课程内容体系。教学内容的叙述通俗易懂，课后训练富于启发性，便于教学以及学生对知识的掌握，体现知识的应用与创新。

2. 教材的组成结构方面，以制药厂药品的质量检验和生产工艺参数的选择与调整为主要背景，以质量检验员和生产技术员的工作过程为主线构建A线课程教学内容框架；以食品厂食品的质量检验和酶解工艺参数的选择与调整为知识拓展背景，以质量检验员和生产技术员的工作过程为辅线构建B线课程训练内容。根据质量检验员和生产技术员的工作过程，参考现代企业全面质量管理的 DMAIC 方法的工作过程，设置工作的任务背景和工作任务。遵循 DMAIC 方法，以具体的工作实例为构架，按照项目定义（Define）、数据收集（Measure）、数据分析（Analysis）、项目改善（Improve）和项目控制（Control）组织编排教学内容体系。

3. 突出教学过程中教、学、做的一体化。以往的统计课程的教学一般重视理论和方法，而忽视了统计实际应用技能的培养。本书以工作任务为驱动力，促使学生主动学习，体现其在教学中的主体地位。本书以企业工作的标准为主要评价考核标准，以学生的工作过程表现和可展示的作品为主要评价考核的内容。在计算机机房上课，教师可以边演示，学生边练、边思考，同时师生互动，使课堂气氛活跃，从而达到"教、学、做一体化"的目的。

本书由陈秀虎、杨敏主编，白厚义教授主审。陈秀虎、杨敏负责全书的整体设计、教学大纲的拟订和全书统稿工作。苏成柏副教授参加了整体设计和修订。主要参编人员有：黄永敬、刘细群、李长洪、唐小付。广西大学白厚义教授对本书的编写提出了许多宝贵的意见。本书编著时注重所涉及内容的实用性与教学过程的可操作性，参考了国内外多种教材和参考文献，并得到中国人民大学出版社的大力支持，在此一并表示衷心的感谢。

尽管我们在编写和组稿的过程付出了不少努力，并进行了一个学期的教学试用和完善，但由于编写时间仓促和学识水平有限，书中疏漏和不妥之处在所难免，恳请各位专家、读者批评指正，以便今后修正完善。

编　者

2010年6月

目　录

项目一　药品检验的统计技术

项目二　生产工艺参数的选择与调整

项目一

药品检验的统计技术

项目导读

药品生产企业的管理都是围绕着质量管理展开的。质量管理活动贯穿于药品制造的始终，从原材料供应商的审计到产品的终质量评价；从成品的发运到出现紧急情况时的药品撤回；从生产过程的监控到企业的自检，质量管理活动无所不在，质量管理的职责已经融入参与药品制造的各部门的所有员工的职责中了。质量检验员在质量管理中肩负着重要的职责，起关键性的作用。

质量检验员的基本岗位职责是执行产品检验标准，对生产过程进行控制。具体的工作是负责生产产品加工过程的质量检验和控制，以及产品的试验和测试，对出现的产品质量问题进行处理和分析，并针对较大质量问题做好反馈，提出改善方案。每月针对生产过程中产品的检验结果和质量状况进行汇总，并运用统计技术进行分析。配合公司做好新产品、新材料的开发和试验，以及工艺改良的检验和反馈。

检验员检验药品的基本工作流程和所需的知识点是：第一，设计检验方案（对象、获取样本的方法、样本的数量）；第二，按药典指定的分析方法对抽样药品进行样本分析（本课程不涉及）；第三，正确记录检验数据（数据收集）；第四，制作图表或报表数据（数据整理）；第五，根据药典标准判断检验结果（计算特征数）；第六，估算产品的分布区间（数据描述）；第七，出具检验报告或建议报告。

本项目根据质量检验的工作职责和基本的检验工作流程划分为 4 个基本的任务单元。同时考虑到后续内容的需要，进行了一定的拓展。

项目背景：微生物药物生产中的发酵是指将长好的种子移入发酵罐，微生物在发酵罐中生长与代谢活动得到最大限度的发挥。发酵期间为了确保全过程的各种条件符合微生物的需要，要进行科学的系列工艺参数的监测。在妥布霉素的生产和试验中需要监测的参数有温度、压力、溶氧度、搅拌转速、泡沫情况、发酵液黏度、菌丝形态、菌丝量、pH 值和中间代谢物的浓度等，生产过程中最主要的因素是温度、pH 值、压力、溶氧度和搅拌转速。在实际生产中要根据工艺要求，对各种参数进行适当的调整，以求妥布霉素发酵终结时达到最大产量（或发酵的最大利用率）。作为生产质量检验员，应考虑怎样才能在妥布霉素发酵的生产环节中履行自己的检验工作职责。

任务一　单因素试验设计

◎ **能力目标**

能应用试验设计的基础知识，按特定的生产、研究试验条件的要求，设计一个单因素的试验方案，并能应用试验设计的基本要素和原则等知识，对其可行性进行正确的评价。

◎ **知识目标**

1. 了解试验设计的基本作用、试验设计的基本术语。

2. 理解试验设计的含义、基本要素和基本原则的内涵。

3. 掌握试验设计的 3 个基本要素和 4 个基本原则在设计中的应用。

◎ **素质要求**

要有科学试验的严肃性和职业道德。

◎ **任务背景**

1. 如果质量主管指定你负责对某制药厂生产的 3 批药品 A 进行主含量检验，这 3 批药品的数量分别是 412 件、36 件和 3 件。

2. 某药厂根据生产的状况，需对发酵工艺的技术参数进行调整，通过查阅资料和生产经验发现影响发酵终产量最主要的工艺参数有温度、pH 值、压力、溶氧度和搅拌转速。经研究决定首先进行温度的调整试验（首先需要制订一个单因素试验方案）。

◎ **工作任务**

1. 设计一个检验 3 批药品 A（分别是 412 件、36 件和 3 件）的检验方案，即试验方案。在检验方案中要明确检验的对象、抽样的方法、数量和检验的判定标准等基本要素。

2. 根据上述工作背景，协助技术员完成一个单因素试验方案的设计工作。

◎ **工作步骤**

1. 制订药品检验方案的基本流程：第一步，确定检验的对象（性质和检验的内容）；第二步，正确地获取样本（抽样的方法与数量）；第三步，确定检验的方法（按药典进行，本课程不涉及），第四步，判断检验的结果；第五步，出具检验报告（包括对结果的评析）。

2. 妥布霉素发酵工艺单一参数试验设计的工作过程：首先，明确试验目标（试验效果标准）；第二步，拟订试验方案（计划），包括查阅资料或根据过去的生产经验确定影响试验目标的主要工艺参数（试验因素）；第三步，合理安排试验因素（主要是因素水平的确定，基本方法是以资料查阅值或生产经验值为中间值，设置试验因素水平与梯度）；第四步，完成试验方案。

单元一 确定试验的基本要素

科学的萌芽产生于生产实践，但人们往往只能从表面上或整体上去比较，肤浅地、笼统地认识所发生的现象。要想深入地认识和掌握事物的内在规律性，还必须借助于科学试验。科学试验就是用人工的办法使欲研究的现象发生在便于研究的条件和环境中，用严密的手段和方法来检验假设能否成立，在日常工作和生活中简称为试验。科学试验已成为人们认识世界、改造世界的有力武器。试验设计是科学试验的有效工具和手段，属于数理统计的范畴，是一门复杂的学科，根据专业不同可以分成不同的试验设计学科。

试验设计（design of experiment，DOE）是指在试验研究工作进行前应用一些数理统计原理，制订合理的试验方案，正确地安排试验条件，控制试验误差，使研究者可以利用较少的人力、物力和时间，而获得全面、可靠的数据信息，再通过科学工作者对数据的处理，得出科学结论的工作。它的核心意义在于为消除或控制非处理因素的干扰，把试验误差控制在最低的限度。

试验设计的基本要素包括研究对象、处理因素和试验效应。例如用降压灵治疗高血压患者，观察患者使用该降压药物前后的血压变化。在这一临床试验中，高血压患者是研究对象，治疗用药物是处理因素，血压的变化是试验的效应指标。

一、研究对象

研究对象（study subject）也称为观察对象或受试对象，可以是人，也可以是动物。不同的研究类型常选择不同的研究对象。选择研究对象应满足以下基本条件：（1）敏感性，即研究对象应对施加的处理因素比较敏感，容易显示处理因素所引起的试验效应；（2）特异性，即研究对象对处理因素有较强的特异性，便于排除非处理因素的干扰和影响；（3）稳定性，即研究对象对施加的处理因素的反应有较好的稳定性，以便有效地控制试验误差；（4）可行性，即在试验中，应考虑在一定的时间内是否能够得到足够的、符合条件的研究对象。由于研究对象的选择，对试验结果有着极为重要的影响，一旦研究对象的来源、组成、标准、条件及选择方法确定后，在整个研究过程中就不应轻易更改，即要求研究对象尽可能标准化。

二、处理因素

处理因素（treatment factor）也叫试验因素或被试因素，它是指给研究对象施加的不同的处理内容（包括物理、化学、生物等处理因素），以观察研究对象所产生的效应。如每项试验设计只有一个处理因素，即为单因素设计。如一项试验设计有多个处理，则称为多因素试验设计。本章主要介绍单因素试验设计。

确定处理因素时应注意以下几个问题：

（1）明确处理因素，控制非处理因素。

（2）确定处理因素的数量和水平。

（3）处理因素必须标准化。

三、试验效应

试验效应（experimental effect）是指处理因素作用于研究对象而产生的各种反应。反映试验效应的指标可分为定性指标和定量指标两大类，如是否痊愈、有无血尿等为定性指标，而血压、心率、身高、体重、激素含量等为定量指标。一般来说，在样本容量一定的情况下，定量指标优于定性指标。凡是能用定量指标反映的试验效应，最好用定量指标来反映。如必须选择定性指标，一定要将该指标标准化。

根据以上内容，任务中要检验的药品和发酵的工艺就是试验要研究的对象，发酵工艺的参数（如温度）就是试验的处理因素，发酵的产量的高低（原料利用率）就是试验的效应。

单元二　选取样本

在生产和试验中，人们常常从研究对象的总体中抽出部分个体进行研究，用个体中的共性来估算和描述整体的性质和变化的趋势，用个性的变异情况来分析和估计研究的偏差程度。所以，抽样的方法和抽取样本的多少都会影响试验的结果。在实际工作中，研究的对象不同或同一对象的研究目的和研究方法不同，抽样的方法和数量也不相同。

一、总体与样本

总体（population）是指研究对象的全体，也就是我们所指事件的全部，又分为无限总体与有限总体。例如：欲研究广东省 2008 年 7 岁健康男孩的身高，那么，观察对象是广东省 2008 年的 7 岁健康男孩，观察单位是每个 7 岁健康男孩，变量是身高，变量值（观察值）是身高测量值，则广东省 2008 年全体 7 岁健康男孩的身高值构成一个总体；本任务单元中待检的全部 3 批药品就是总体。在自然界中大部分事物为无限总体，对于无限总体的研究是抽取部分个体作为研究对象，通过对这部分抽样个体的统计分析来推断全体总体。

样本（sample）是从研究总体中抽出的若干作为研究对象的个体单元。例如，在 3 批待检药品中，抽出一定数据的药品作为全部待检药品的代表接受检验，那么，这些抽出来接受检验的药品就是样本。为什么要抽样检验呢？因为被研究的总体常常是很大的或者是无穷的，我们无法得到它，或者是生产不允许。统计学好比是总体与样本间的桥梁，能帮助人们设计与实现如何从总体中科学地抽取样本，使样本中的观察单位数（样本容量，sample size）恰当，还能帮助人们挖掘样本中的信息，在一定可信程度上推断总体的规律性。

二、随机抽样

总体中每个个体均有相等的机会抽作样本的这种抽样方法，称为随机抽样（random sampling）。随机抽样可以避免主观和偏见，是一种常用的抽样方法。生产试验中，常用的随机抽样方法主要有以下 4 种。

1. 简单随机抽样

适用于个体性质均匀的总体，抽样前需要对每个样本都编号，然后借助随机数字表或计算机进行随机抽样。用随机数字表抽样时，可随机确定一个起始数字，之后向任意方向读数，直到选够所需样本数。对于简单的总体，如药品的检验抽样可采用日常生活中的抓阄、抽签等方式进行随机抽样。

2. 系统抽样

系统抽样也称等距抽样，也适用于个体性质均匀的总体。抽样时，研究者可先随意选取一个样本作为起始样本，然后按一定间隔加以抽取。但是应当注意的是，其样本必须是随机排列的。否则，所采用的间隔一旦与样本排列的规律性相符，抽出的样本就不具有随机性了。这种方法较为简单省力，在同一批药品检验中常采用这种抽样法。

3. 分层抽样

当样本对象的性质差异比较大时，可以将对象按照一定属性预先分成若干类，这些类就是所谓的“层”，然后再对各层中的样本分别进行随机抽取，这样的方法叫做分层抽样。该方法可以使较大规模的调查变得较为简单，同时也便于对样本中的不同群体进行比较，调查的精确性也会有所提高，因此适用于多批药品抽样。如把每批药品作为一层，有几批药品就分几层，然后在每层中进行简单随机抽样。

4. 多级抽样

多级抽样就是当调查规模、样本数量太大时，可以对样本分为几级抽取对象，这样就使得大面积调查易于实施。应当注意的是，由于每抽取一级都会产生误差，级数越多误差越大，因此多级调查的分级一般不会超过3级。这种方法适用于药品营销的市场调查。

三、样本容量的确定

样本中所包含个体的个数，或样本所含的元素个数，称为样本容量，常用n表示。样本容量的确定是比较复杂的问题，既要有定性的考虑也要有定量的考虑。样本量的大小不取决于总体的多少，而取决于研究对象的变化程度、所要求或允许的误差大小（即精度要求）和要求推断的置信程度。也就是说，当研究的现象越复杂，差异越大时，样本量要求越大；当要求的精度越高，可推断性要求越高时，样本量要求越大。

1. 抽样调查

在实际工作中，一般抽样调查的样本量都要大于30。在精确度要求在95%时，根据调查对象的目的指标，具体的大小可以用下面的公式进行计算：

公式1（计量或计数指标）　$n=4S^2/\Delta^2$

公式2（百分率指标）　$n=4pq/\Delta^2$

公式中的n为抽样样本数，S为总体标准差或前人做试验得到解到的样本标准差，p为调查的估计百分率，q等于$1-p$，Δ是允许误差度。

例1.1　某药品连锁总店想了解药店营业员服务情况，对顾客进行满意度调查。估计本次调查顾客满意率为90%，需要调查多少顾客才能满足调查的要求？（置信度为95%）。

解： $n=4pq/\Delta^2=4\times90\%\times(1-90\%)\div0.05^2=144$（人）

本次调查至少需要调查144名顾客才能满足调查的要求。

2. 抽样检验

检验的对象（产品）属于均匀个体的总体，检验抽样与调查抽样相比要求的样本容量较小。抽样的多少根据总体（待检产品）的大小来确定。一般情况下，待检产品个数（N）小于或等于3时，进行全检；大于3时需要利用公式进行计算，具体的计算公式如下：

(1) 3＜待检产品≤300：$n=\sqrt{N}+1$

(2) 待检产品＞300：$n=\frac{\sqrt{N}}{2}+1$

公式中的 n 为抽取的样本数，N 为总体（待检产品）数。

例 1.2 现对两批药品进行质量检验，已知第一批药品有 412 件，第二批有 36 件，计算每批药品需要抽样的个数。

解： 第一批抽样数 $n=\frac{\sqrt{N}}{2}+1=\frac{\sqrt{412}}{2}+1=11$（件）

第二批抽样数 $n=\sqrt{N}+1=\sqrt{36}+1=7$（件）

从第一批产品中随机抽出 11 件，第二批产品中抽出 7 件，然后再从这抽出的 18 件中，随机抽取药典要求检验用量的 3～5 倍，每样重复 3 次进行检验。

四、试验误差

(1) 误差（error）：观察或测定结果与它对应的真值之差。按其来源和性质可分为随机误差、系统误差和人为误差 3 种。

(2) 随机误差（random error）：试验过程中，由于各种无法控制的随机因素所引起统计量与参数之间的偏差。主要是由抽样造成的样本指标与总体指标间的差异。此种误差不能消除，试验设计时常利用样本的代表性、样本量适度和随机化的原则等手段将其减小。

(3) 系统误差（system error）：由于某个或某些固定因素（如仪器不准、灵敏度不一致和试验人员操作不统一、不规范等）所引起的误差。此误差遵循一定的变化规律，可以通过校正仪器、规范操作规程等办法进行控制。

(4) 人为误差或错误（error）：非自然因素引起的，由于人为的粗心大意，比如抄写错误、计算错误、不合理的合并等，引起统计量和参数之间较大的偏差，此种误差可以消除。

单元三 合理安排试验因素

试验设计的关键之一就是合理的安排试验因素。如果试验因素安排得合理，试验的误差就小、数据就真实、结果就正确，能够指导生产。否则，试验的误差就大、数据就不正确、结果就错误，会误导生产，造成不必要的损失。由此可见，合理的安排试验因素是取得试验成功的关键。在试验设计中，合理的安排试验因素要遵守以下 4 个基本原则。

一、对照原则

有比较才能有鉴别。要探讨处理因素对受试对象的影响，在试验设计中必须设立对照。有无对照及设置对照是否合理，是衡量试验设计是否科学、严谨的重要标志。

通常情况下，对照分为如下几类：

(1) 空白对照：也叫正常对照，它是指给对照组不施加任何处理因素。

(2) 安慰剂对照：是指给予对照组安慰剂。安慰剂是指外形、大小、色泽、气味等特征与试验组所用药物或试剂相同，但无处理效应。使用安慰剂可以避免对照组病人与试验组病人产生不同的心理作用。

(3) 标准对照：是指对照组的研究对象接受使用公认的标准方法处理，而试验组研究对象接受新的药物或方法。

(4) 相互对照：是指几种处理因素互为对照。

(5) 历史对照：是将以往的研究结果作为对照。

(6) 自身对照：是试验与对照在同一受试对象身上进行，这种对照叫做自身对照。

研究设计中，设置对照组应注意 3 个问题：第一，保持组间一致；第二，对照组例数要适当；第三，避免多余对照。

二、随机原则

随机原则是对研究数据进行统计推断的前提。这里的“随机”包含两层含义：一是随机抽样；二是随机分配。随机抽样是指被每一观察对象都有相等的机会从总体中被抽出。随机分配是指样本中的每一个研究对象都有完全相等的机会被分配到每个处理组。

三、重复原则

重复（replication）是指各处理组和对照组要有足够的例数。重复的第一个意思是指重复试验或平行试验；第二个意思是指样本容量大小和重复次数的多少。这里的样本容量是指观察例数的多少，习惯上也叫做样本大小。

四、均衡原则

均衡原则也称为齐同原则。它包括两层含义：一是不同的试验组之间的非处理因素应该均衡一致；二是试验组和对照组中的非处理因素应该均衡一致。非处理因素控制的好，就能有效地反映出处理因素的试验效应。

当试验的对象、处理因素、因素水平和试验效果指标确定后，我们就可以根据试验设计的原则，进行试验方案的设计了。

例如，影响妥布霉素发酵工艺的单一参数试验方案设计过程如下：

第一步，确定试验的效果标准是发酵的终产量；第二步，确定主要试验因素，通过查阅资料和根据生产经验知道温度是影响发酵终产量最主要的工艺参数；第三步，确定试验因素水平，根据资料和生产经验，该生产工艺常用的温度是 35.5℃，那么，35.5℃就是本试验的中水平；第四步，根据生产经验或理论知识，因素的水平梯度为 0.5℃，上限是 37℃，下限是 34℃，因此共设 7 个处理，每个处理重复 3 次。具体的试验方案如表 1—1 所示。

表 1—1　　温度对妥布霉素发酵率影响的试验方案

温度(℃)	34.0			34.5			35.0			35.5			36.0			36.5			37.0		
处理	1			2			3			4			5			6			7		
重复	1	2	3	1	2	3	1	2	3	1	2	3	1	2	3	1	2	3	1	2	3
发酵率																					

注：本试验设计采用的是不同温度间的相互对照。本试验的对象是发酵工艺，为了保证其均衡性，在发酵试验中，除温度外其他工艺参数不能改变。

小 结

试验设计是指在试验研究工作进行前应用一些数理统计原理，制订合理的试验方案，正确地安排试验条件，控制试验误差，使研究者可以利用较少的人力、物力和时间，获得全面、可靠的数据信息，再通过科学工作者对数据的处理，得出科学结论的工作。总体是指研究对象的全体，也就是我们所指事件的全部，又分为无限总体与有限总体。样本是从研究总体中抽出的若干作为研究对象的个体单元。总体中每个个体均有相等的机会抽作样本的这种抽样方法，称为随机抽样。误差是指观察或测定结果与对应的真值之差。按其来源和性质可分为随机误差、系统误差和人为误差3种。

试验设计的基本要素有3个：研究对象也称为观察对象或受试对象，是接受试验的人或者动物；处理因素也叫试验因素或被试因素，是指给研究对象施加的不同的处理内容(包括物理、化学、生物等处理因素)，以观察研究对象所产生的效应；试验效果是指处理因素作用于研究对象而产生的各种反应。

试验设计的基本原则有对照原则、随机原则、重复原则和均衡原则。这4个基本原则是试验的科学性、结果的可比性和推断的正确性的重要保证。

课后训练

一、基础知识练习（单选题）

1. 观测、测定中由于偶然因素如微气流、微小的温度变化、仪器的轻微振动等所引起的误差称为______。

A. 偶然误差　　B. 系统误差　　C. 疏失误差　　D. 统计误差

2. 下列哪种措施是减少统计误差的主要方法是______。

A. 提高准确度　　B. 提高精确度

C. 减少样本容量　　D. 增加样本容量

3. 抽取样本的基本首要原则是______。

A. 统一原则　　B. 随机原则　　C. 完全原则　　D. 重复原则

4. 下列误差中，可以消除的是______。

A. 偶然误差　　B. 系统误差　　C. 疏失误差　　D. 统计误差

5. 下列______不是试验设计的基本要素。

A. 试验对象　　B. 处理因素　　C. 试验效果　　D. 试验条件

6. 在试验设计中，如受试对象不均匀，通常采用分层抽样，这样能较好实现______原则。

A. 随机原则　　B. 对照原则　　C. 重复原则　　D. 均衡原则

7. 样本容量的确定下面说法合理的是______。

A. 样本越大越好　　B. 保证一定检验效能条件下尽量增大样本容量

C. 样本越小越好　　D. 保证一定检验效能条件下尽量减少样本容量

8. 试验设计的主要目的是______。

A. 排除干扰　　B. 找出差异

C. 验证方法　　D. 保证科研成果质量

9. 试验设计的基本原则是______。

A. 对照、随机、均衡、重复　　B. 随机、重复、均衡、齐同

C. 对照、随机、齐同、均衡　　D. 随机、重复、齐同、对照

10. 统计学中所说的总体是指______。

A. 任意想象的研究对象的全体　　B. 根据研究目的确定的研究对象的全体

C. 根据地区划分的研究对象的全体　　D. 根据时间划分的研究对象的全体

二、基本技能训练

根据背景资料，从生产过程的最主要因素——温度、pH 值、压力、溶氧度、搅拌转速中选择其中的一个因素，以求发酵终结时达到最大产量为目标，设计一个完整的单因素试验方案（要求：因素的水平合理、水平梯度适度，符合试验设计的基本原则）。

三、应用拓展练习

拓展训练 1　硝苯地平控释片和舒氟美联合治疗喘息型慢性支气管炎的对照试验

1. 一般资料

观察对象全部是从 2003—2005 年间来本院门诊随诊的慢性支气管炎患者中挑选出来的，选择的标准是，有不同程度的咳嗽、咯痰、喘息，急性发作 1 周以上，伴肺部哮鸣音，均符合喘息型慢性支气管炎的诊断标准，且处于急性发作期。全部病例经 X 线胸片及心电图等检查排除肺结核、肺癌和心脏病变。

2. 试验设计

采用随机单位组设计，把 137 例患者分成两个组，治疗组 72 例，其中男 43 例，女 29 例，平均年龄 66 岁。对照组 65 例，其中男 40 例，女 25 例，平均年龄 68 岁。两组间性别、年龄、病程和症状均无明显差别，两组间有良好的可比性。在试验过程中，采用盲法试验，患者不知道自己的分组情况，2 名医生合作分工，1 人负责治疗与疗后回访，不参与体征检查，1 人负责体征检查与记录，不知道分组情况。试验方案确定后 2 人互不过问对方的工作情况。试验结果利用 SPPS 软件进行 χ^2 -检验，并规定 $P<0.05$ 具有临床意义。

3. 治疗方法

对照组以口服舒氟美每次 100mg，1 次/12h，同时给予抗感染，祛痰及氧疗、补液等治疗，1 周为 1 个疗程。治疗组是在对照组治疗方法的基础上，口服硝苯地平控释片每次 30mg，1 次/d。两组患者治疗期间均按要求随诊，记录症状、体征变化情况。

4. 症状体征判断标准

(1) 咳嗽：重度（+++），昼夜咳嗽频繁，严重影响工作和睡眠；中度（++），为阵咳，对工作和睡眠有一定影响；轻度（+），只是偶尔咳嗽；无咳嗽（—）。

(2) 喘息：重度（+++），为呼吸困难；中度（++），为静息时喘息；轻度（+），为活动后喘息；无喘息（—）。

(3) 肺部哮鸣音：多（+++），两肺满布哮鸣音；中（++），两肺散在哮鸣音；少（+），两肺偶有或深呼吸后出现哮鸣音；无（—），两肺及深呼吸后均听不到鸣音。

5. 疗效评定标准

(1) 显效：以上症状改进2级。(2) 有效：以上症状改进1级。(3) 无效：以上症状改进不到1级。

认真阅读此试验设计方案，并回答下列问题：

(1) 该试验设计的3个基本要素是什么？

(2) 体现4个基本原则的设计内容是什么？

(3) 作者写"一般资料"的目的是什么？

(4) 作者写的"治疗方法"部分是为了交代试验要素里的什么问题？

拓展训练2

某食品厂为提高山楂原料的利用率，研究酶法液化工艺制造山楂原汁，拟设计一个以提高山楂原料的利用率为试验目的，以果肉加水量、加酶量、酶解温度和酶解时间为影响因素的四因素、三水平正交试验，寻找酶法液化的最佳工艺条件。在做此试验前需对这四个因素分别进行单因子试验，以确定正交试验各因素的中水平数。请你从正交试验设计的四个因子中选择一个因子，根据查阅的资料，设计一个完整的单因素试验方案（要求：因素的水平合理、水平梯度适度，符合试验设计的基本原则）。

任务二　数据资料收集与整理

◎ **能力目标**

1. 能利用 Excel 工具栏中的数据分析功能，对试验的数据进行统计整理。

2. 能正确地制作数据的随机分布图和随机分布的频率表。

3. 能按照要求对随机分布图进行编辑与转化。

◎ **知识目标**

1. 了解试验数据的分类方法和基本类型，随机分布图和随机分布的频率表的统计意义。

2. 理解计量数据资料和计数数据资料的内涵及整理方法的选择。

3. 掌握应用 Excel 整理和描述不同类型数据资料的操作方法，并能按要求对 Excel 制作出的图、表进行编辑。

◎ **素质要求**

掌握用试验数据分析问题、揭示问题内在规律的逻辑思维能力和应用计算机制作图表的能力。

◎ **任务背景**

某工厂希望评估发酵温度为 35.8℃时的运行状况。根据试验结果和生产工艺的要求，发酵的原料利用率应为 0.55±0.05g，标准差不大于 0.06 为合格。根据统计 6 西格玛质量管理要求，生产过程能力指数（Ppk）为 1.33 以上，设备运行才为正常。在 5 批发酵产品中，检验员从每批产品中连续抽取 12 个样本作为一个子组，共计抽取 60 个样品，并分析记录发酵的利用率如表 2—1 所示。

表 2—1　　35.8℃条件下 5 批发酵产品的原料利用率　　（单位：g）

组别	抽样编号											
	1	2	3	4	5	6	7	8	9	10	11	12
第一组	0.529	0.548	0.493	0.561	0.549	0.607	0.542	0.546	0.571	0.557	0.548	0.554
第二组	0.550	0.557	0.534	0.509	0.548	0.582	0.526	0.560	0.535	0.548	0.571	0.550
第三组	0.558	0.559	0.519	0.548	0.574	0.552	0.546	0.550	0.528	0.548	0.519	0.552
第四组	0.541	0.581	0.511	0.548	0.549	0.542	0.55	0.564	0.557	0.547	0.521	0.540
第五组	0.549	0.549	0.565	0.529	0.573	0.529	0.548	0.524	0.525	0.538	0.548	0.570

◎ **工作任务**

根据表 2—1 中的数据，利用 Excel 绘制温度对发酵时的原料利用率影响的随机分布折线图。

◎ **工作步骤**

随机分布折线图和累积频率表的制作：

第一步，把记录的数据输入 Excel，并利用其函数找出表 2—1 中的最大值和最小值；

第二步，计算全距，并确定组数，计算出“接受区域”数据系列（即 x 轴的刻度数字）；

第三步，根据 Excel 工具栏中“直方图”工具的提示操作，制作出直方图和频率表；

第四步，根据要求对制作出的直方图进行编辑，转化成折线图。

单元一　数据资料的收集

一、数据的来源

作为统计对象的数据资料，概括起来，主要来源于以下三个方面。

1. 科学试验记录

根据特定目的所做的各类试验的试验记录资料。获取这类资料时，必需根据试验的目的要求，列出试验过程中所必需观察和记录的项目，按照试验计划完整而准确地进行观测和登记。

2. 调查研究资料

对某一调查研究项目进行全面或抽样调查所得资料。由于调查是针对已有的事实，按照一定的计划进行科学调查从而找到某一现象内在规律的工作，故必须根据调查的任务和要求，列出详细的调查提纲，采用科学的调查方法，有目的、有计划、实事求是地搜集调查项目的有关资料。

3. 生产、工作记录

如生产过程中的生产记录，医生的病历等资料，均能对了解生产规律、发现存在的问题、解决问题起到一定的作用。由于这些数据资料在记录时往往需要特定的完整计划，所以搜集时要按照观测对象性质归类整理，注意资料的完整性、真实性和准确性。

二、数据的分类

数据也称资料，是对客观现象计量的结果。例如，对药品质量的计量可得到药品是正品或次品的数据；对药物在试验对象血液中含量的计量可得到血液浓度数据等。统计数据是利用统计方法进行分析的基础，不同的统计数据应采用不同的整理和统计分析方法。

1. 数据的类型

数据根据观察或试验结果的表现形式是否能用数值表示，大体上分为两大类：定性数据和定量数据。

（1）定性数据。

定性数据也称品质数据，是观察或试验结果不可以用数值大小表示，只能用文字描述的数据资料，一般不带有度量衡单位。这类数据资料说明的是事物的品质特征，它的特点是每个观察结果或试验结果之间没有量的大小区别，而表现为互不相容的类别或属性。根据观察结果是否有等级或顺序，定性数据又可进一步分为定类数据和定序数据两类。

1）定类数据或名义数据：是对事物按照其属性进行分类或分组的计量结果，其数据表现为文字型的无序类别，可以进行每一类别出现频数的计算，但不能进行排序和加减乘除的数学运算。例如：人口的性别分为男、女 2 类；人体血型分为 O 型、A 型、B 型和 AB 型 4 类等，这些均属于定类数据。定类数据用相对数（率、构成比）、众数作为其统计描述指标，用 χ^2 检验等作为假设检验的分析方法。

2）定序数据或有序数据、等级数据：是对事物之间等级或顺序差别的计量结果，其数据表现为有序类别，可以进行类别的频数计算和排序，但不能进行加减乘除的数学运算。例如：某种药物的疗效可分为无效、有效、显效、痊愈，新药的等级可分为一类、二类、三类、四类、五类，等等，均属于定序数据。

（2）定量数据。

定量数据是观察或试验结果可以用数值大小表示的数据资料。这类数据资料是用自然或度量衡单位对事物进行计量的结果，其特点是每个观察值或试验值之间有量的大小的区别，既可进行频数计算和排序，又可进行加减乘除的数学运算。统计描述指标有均值、方差、变异系数等，统计分析方法有假设检验、方差分析、相关与回归分析等。定量数据又可分为计数数据和计量数据。

1）计数数据：计数资料是用计数的方法得来的，每个变数必须用整数来表示，两整数间不能有小数。数值之间是间断的、不连续的，所以又叫非连续性变数资料或间断性变数资料。例如：红细胞数（个/L）、患者人数和商品的个数等。

2）计量数据：计量资料是用度、量、衡等计量测得的，数据以长度、容积、重量等来表示。这类资料所测得的数据不一定是整数，两整数间可以有任何小数，在一定的变异范围内，变数个数是无限的，相邻数值间是连续不断的，所以又称为连续性变数资料。例如：考试成绩（分）、人的体重（kg）和血压（kPa）等。

2. 两类数据的转换

根据统计分析的需要，定量数据与定性数据之间经常要做数据类型的转换。

（1）定量数据的定性化转换。

例如，作为定量数据的成年男子的血清胆固醇值，按是否小于 6mmol/L 划分成血脂正常和异常两类，就转化为定性数据。若将血红蛋白按含量（g/L）的多少分为 5 级：＜60（重度贫血）、60～90（中度贫血）、90～120（轻度贫血）、120～160（血红蛋白正常）、＞160（血红蛋白增高），这时定量数据就转化成了定性数据。

（2）定性数据的数量化转换。

我们同样可以把定性数据进行数量化转换。例如，定性变量性别中的定性数据“男”、“女”可以分别取值为“1”和“0”，此时取值 1 和 0 之间没有量的差别，只是一种“数据代码”。又如对文化程度，如果是按文盲半文盲、小学、初中、高中、大学及以上这 5 组进行分类，则文化程度变量属于定序变量，对这 5 类数据赋值时我们可分别取值为 1、2、3、4、5，此时取值 1、2、3、4、5 之间不仅是一种“数据代码”，也有量的区别。这类转化常用于各类报表，以便使用计算机自动分析。

单元二 数据资料的整理

统计学从其功能方面来讲，是关于研究对象的数据资料进行搜集、整理、分析和解释的科学。在生产及科学研究中，我们能搜集到许多原始数据，这些数据蕴藏着大量的生产实践中有价值的信息，可以帮助我们发现存在的问题。认识其内在规律，是人们为进一步促进生产，提高产品质量而采取措施的依据。但是，这些数据往往是在一定条件下，对某种现象观察结果的记录，数据本身可能是零乱的、孤立的。从其表面看，与普通的自然数据并没有区别，看不出规律性，只是数据的堆积、现象的罗列。而我们所需要的信息，恰好就蕴藏在这大量的数据之中，要从中找出它们的内在联系和规律，就必须对原始数据进行整理和分析。

整理资料就是根据生产或科研需要的统计分析要求，将核对过的原始资料按一定标志进行归类，综合汇总。具体来说就是将同一现象、同一类型的数据进行合并，使它们与其他现象、其他类型区别开来，使数据资料条理化、系统化，一目了然，便于分析，从而得出正确的结论。统计学上把经过数据整理后，得到的反映随机变量在各组内的分布情况的表格，叫做次数分布表。

完成不同数据资料的整理，需用不同的整理方法。计量数据（特别是分类计量数据）一般要求使用直方图（柱形图）和折线图；计数数据一般要求使用条形图、折线图或圆环图。另外绘图的方法也很多，本单元仅介绍用计算机绘制图表。

一、单组计数数据图表的绘制

单组计数数据图表一般要求绘制成直方图，绘制单组数据直方图可以利用 Word 文档，也可以使用 Excel，下面以例 2.1 为例演示使用 Excel 绘制直方图的操作过程。

例 2.1 表 2—2 是某质量检验员在 2009 年对某种药品检验结果的年终统计表，请你根据此表的数据绘制一个直方图表。

表 2—2　　2009 年某药品检出的不合格产品数统计表

月份	1	2	3	4	5	6	7	8	9	10	11	12
不合格数	128	254	246	214	138	165	128	157	168	134	128	134

利用 Excel 绘制直方图的基本操作步骤如下：

(1) 把表 2—1 中的数据输入 Excel，如图 2—1 所示。

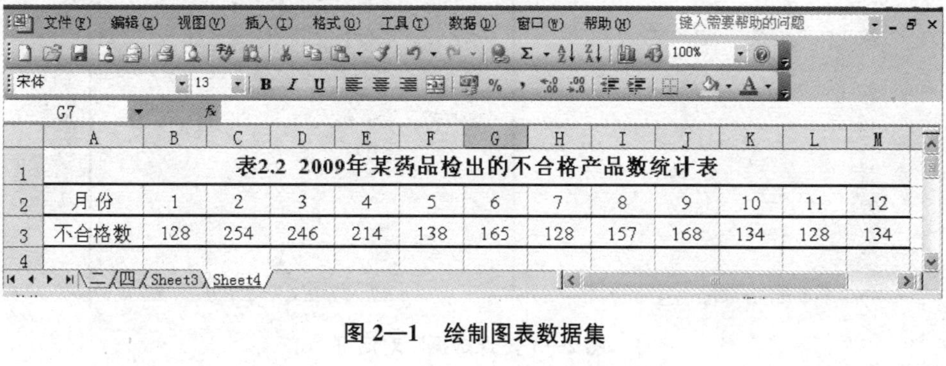

表2.2 2009年某药品检出的不合格产品数统计表

月份	1	2	3	4	5	6	7	8	9	10	11	12
不合格数	128	254	246	214	138	165	128	157	168	134	128	134

图 2—1　绘制图表数据集

(2) 用鼠标点击工具栏中的“图表向导”按钮，即出现“图表向导”对话框，如图2—2所示。

图2—2 “图表向导”对话框

(3) 用鼠标选择图2—2“图表向导”对话框中的“柱形图”，并点击对话框中的“下一步”按钮即出现“数据源”对话框。在“数据区域”输入框中，拖拉鼠标选择绘图的数据区域（B3∶M3）；在“系列产生在”后选择“行”，如图2—3所示。

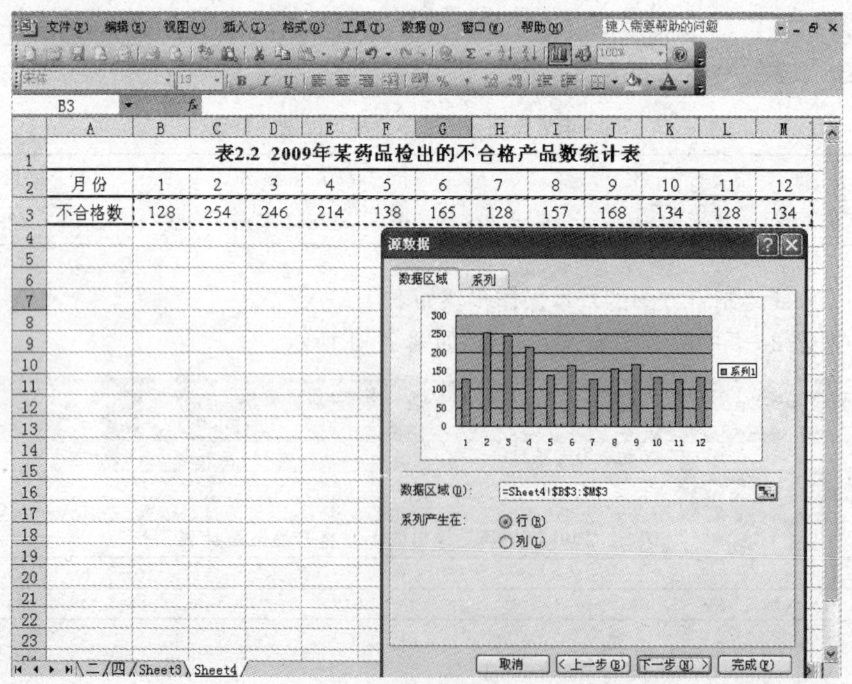

图2—3 “源数据”对话框

（4）用鼠标点击图 2—3 对话框中的“下一步”按钮，即出现“图表向导”对话框，并在“图表标题”下面的输入框中填写“2009 年某药品检出的不合格产品数统计表”；“分类（x 轴）”下面的输入框内填写“月份”；“分类（y 轴）”下面的输入框内填写“不合格产品数”，如图 2—4 所示。

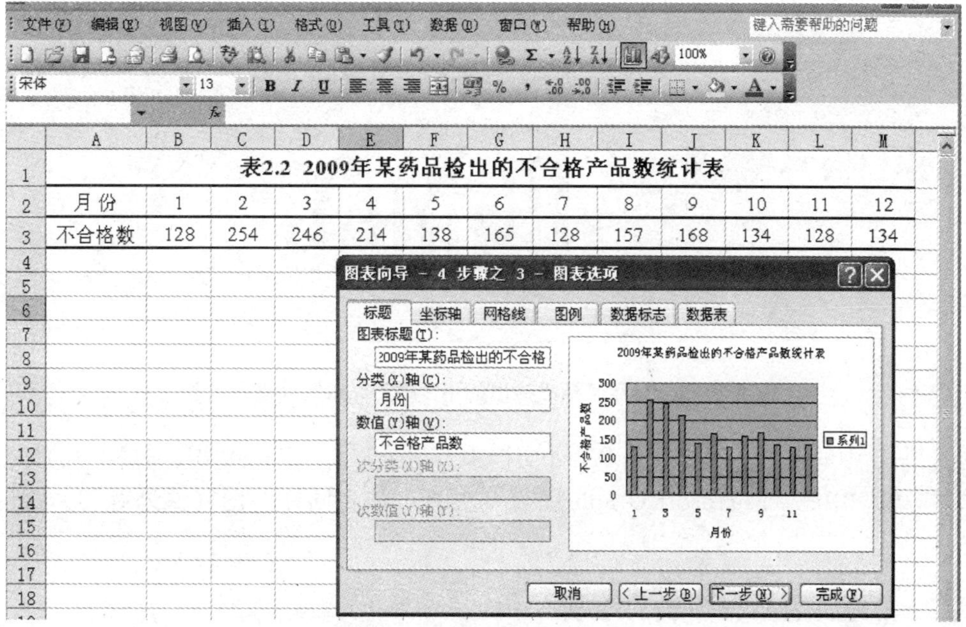

图 2—4 “图表向导”对话框

（5）用鼠标点击图 2—4 对话框中的“完成”按钮，即出现图 2—5 的结果。

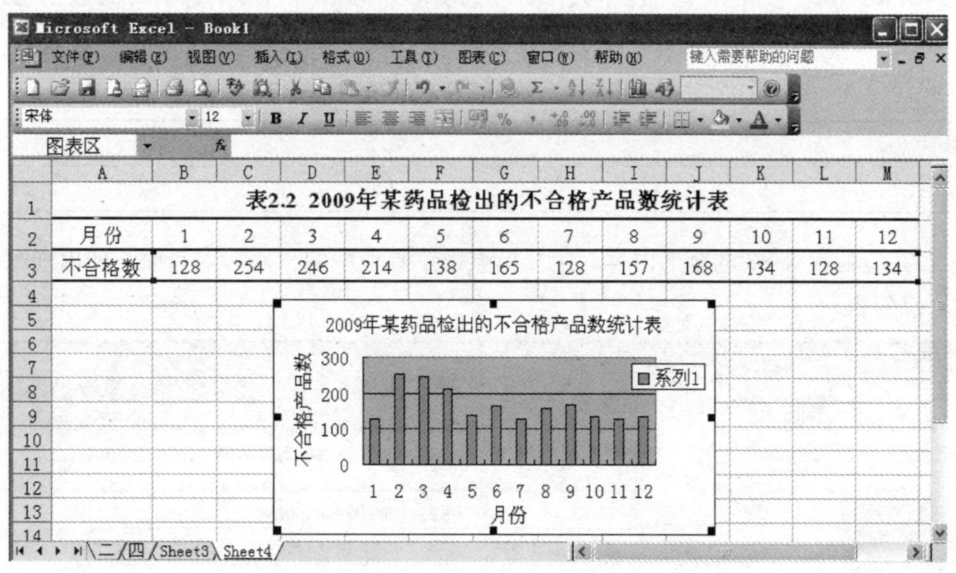

图 2—5 2009 年某药品检出的不合格产品数统计直方图 I

（6）对图 2—5 中的直方图进行简单的编辑就形成了图 2—6 所示的直方图。

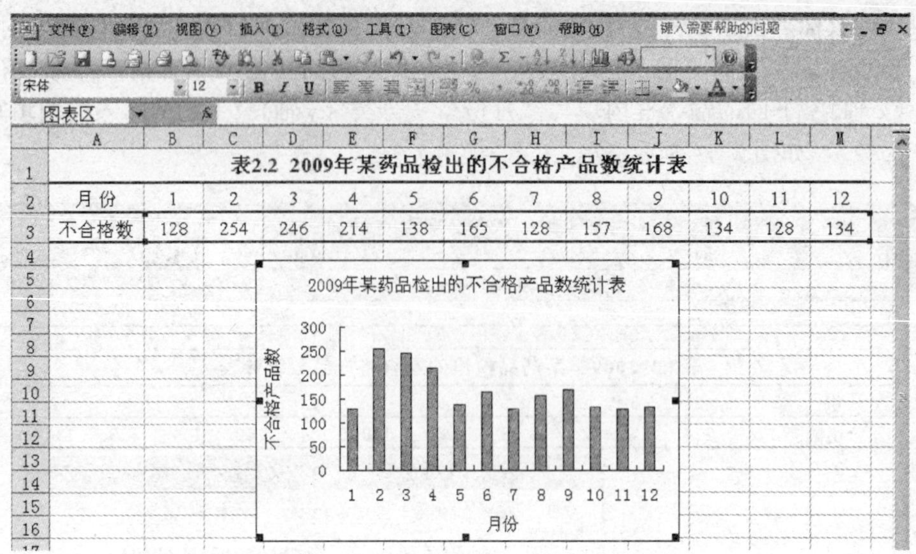

图 2—6 2009 年某药品检出的不合格产品数统计直方图Ⅱ

图 2—6 中的直方图可拷贝到 Word 文档中。另外，用 Word 文档工具栏中的“插入”菜单“对象”中的“Microsoft Graph 图表”工具可产生同样的图（课外练习），具体步骤略。

二、单组计量数据图表的绘制

单组计量数据图表一般要求绘制成折线图，绘制单组数据折线图可以利用 Word 文档，也可以使用 Excel，下面以例 2.2 为例演示使用 Word 文档绘制折线图的操作过程。

例 2.2 表 2—3 是某生产技术员在研究温度对发酵原料利用率影响时的数据统计表，请你根据此表数据利用 Word 文档绘制折线图。

表 2—3　　不同温度对发酵原料利用率的影响

温度（℃）	34	34.5	35	35.5	36	36.5	37
发酵率（%）	43.3	44.1	62.5	77.6	68.2	52.1	46.5

（1）复制表 2—3 的全部内容，用鼠标点击工具栏中的“插入”选项，即出现图 2—7 所示下拉列表。

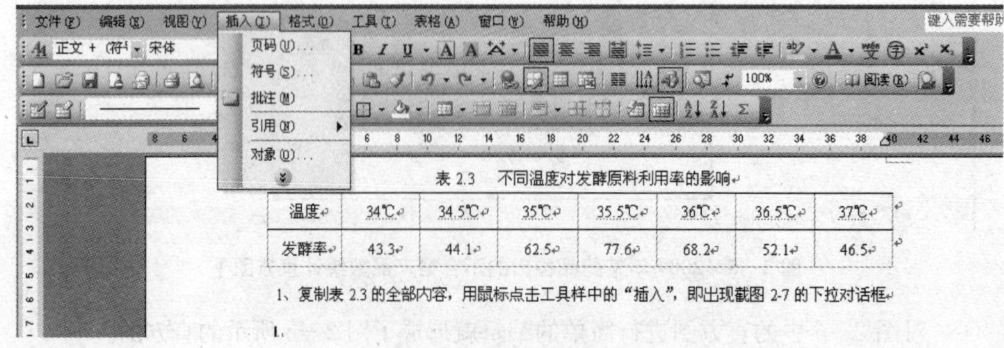

图 2—7 Word 工具栏“插入”下拉列表

（2）用鼠标选择图 2—7 下拉列表中的“对象”选项，便出现图 2—8 所示的“对象”对话框。

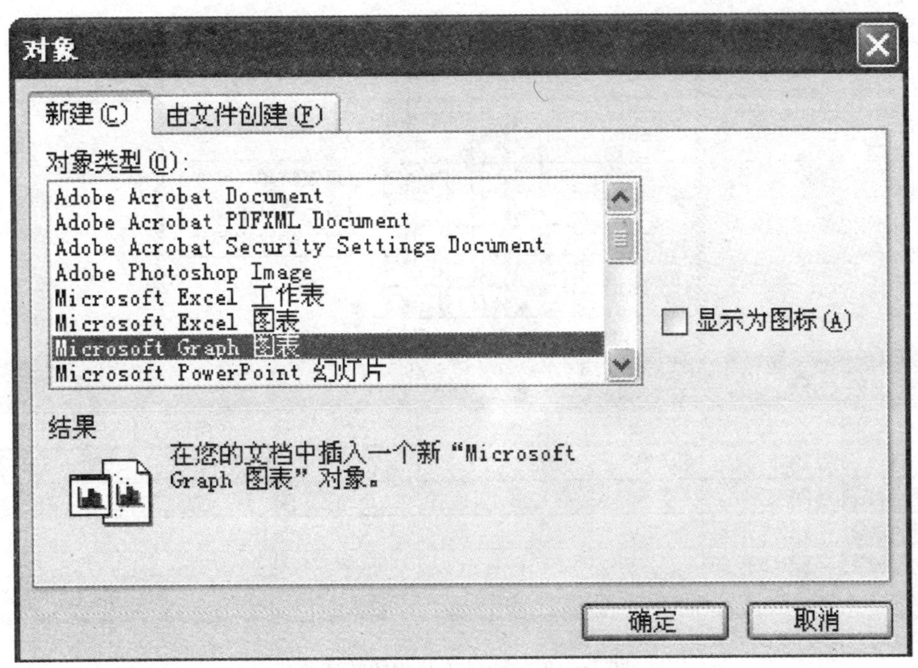

图 2—8　Word“对象”对话框

（3）用鼠标选择图 2—8 中“对象”对话框中的“Microsoft Graph 图表”选项，并点击对话框中的“确定”按钮，即出现图 2—9 所示的“数据表”对话框。

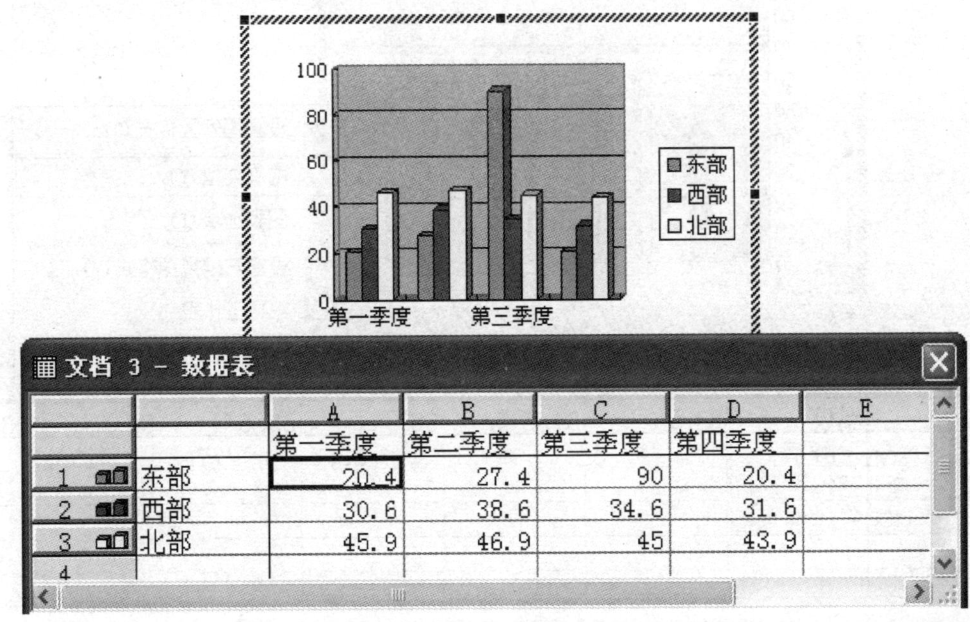

		A	B	C	D	E
		第一季度	第二季度	第三季度	第四季度	
1	东部	20.4	27.4	90	20.4	
2	西部	30.6	38.6	34.6	31.6	
3	北部	45.9	46.9	45	43.9	
4						

图 2—9　Word“数据表”对话框

（4）删除图 2—9 表格中的全部内容，填写或复制表 2—3 中的全部内容，即出现图 2—10 所示的结果。

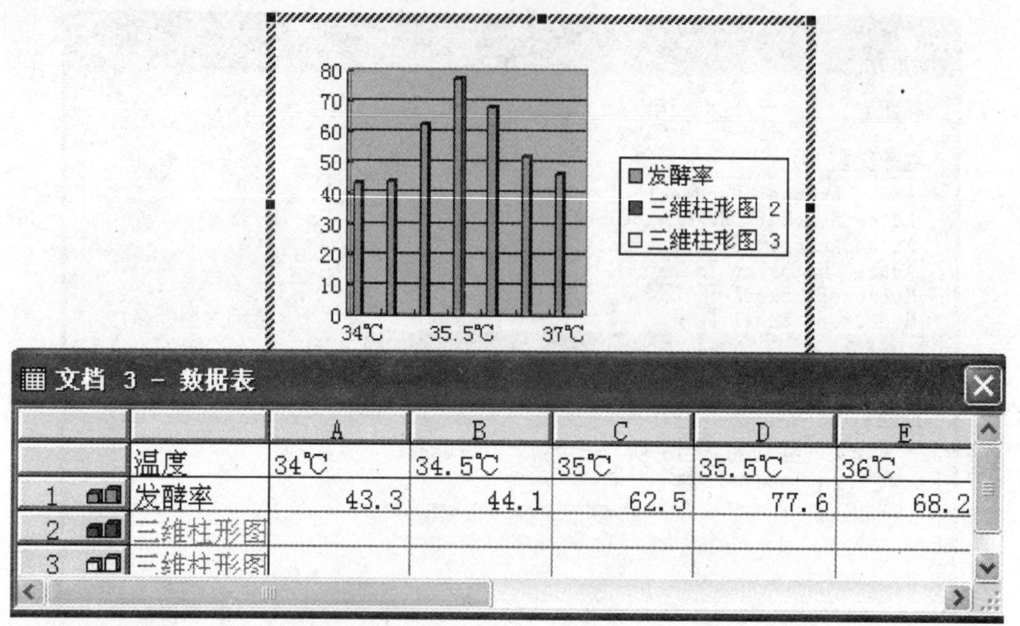

图 2—10　Word 填充绘图数据源

（5）删除图 2—10 中的图标，并在虚线框内的空白处点击鼠标右键，弹出图 2—11 所示的图表编辑菜单。

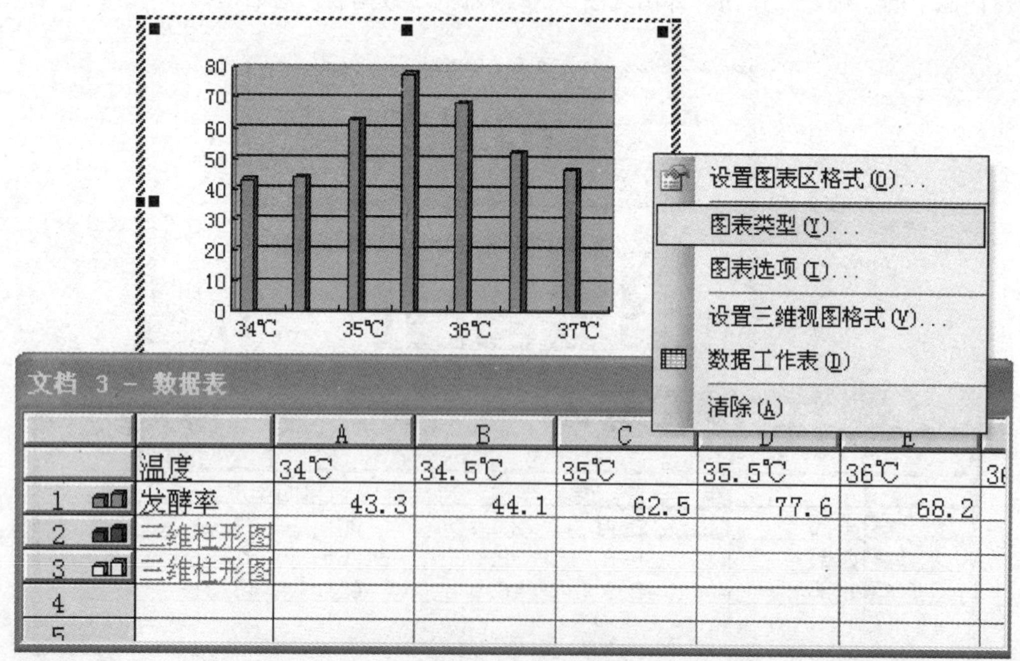

图 2—11　Word 图表编辑菜单

（6）用鼠标选择图 2—11 中的“图表类型”选项，即弹出图 2—12 所示的“图表类型”对话框。

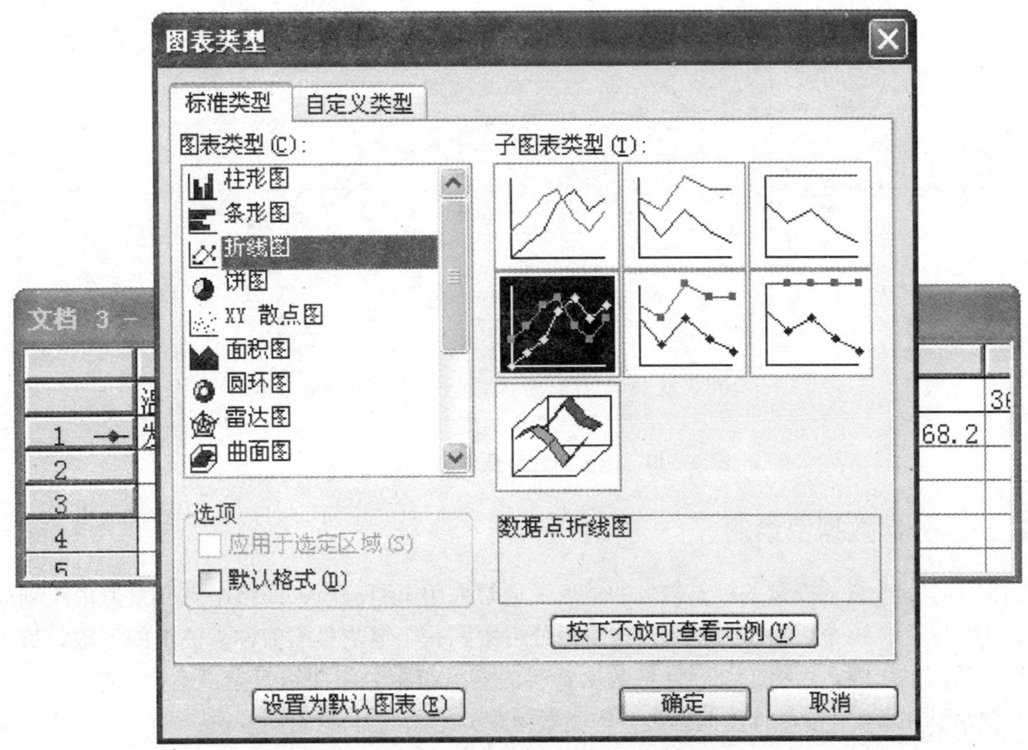

图 2—12 Word“图表类型”对话框

（7）用鼠标选择图 2—12 中的“折线图”，并点击“确定”按钮，弹出图 2—13 所示折线图。

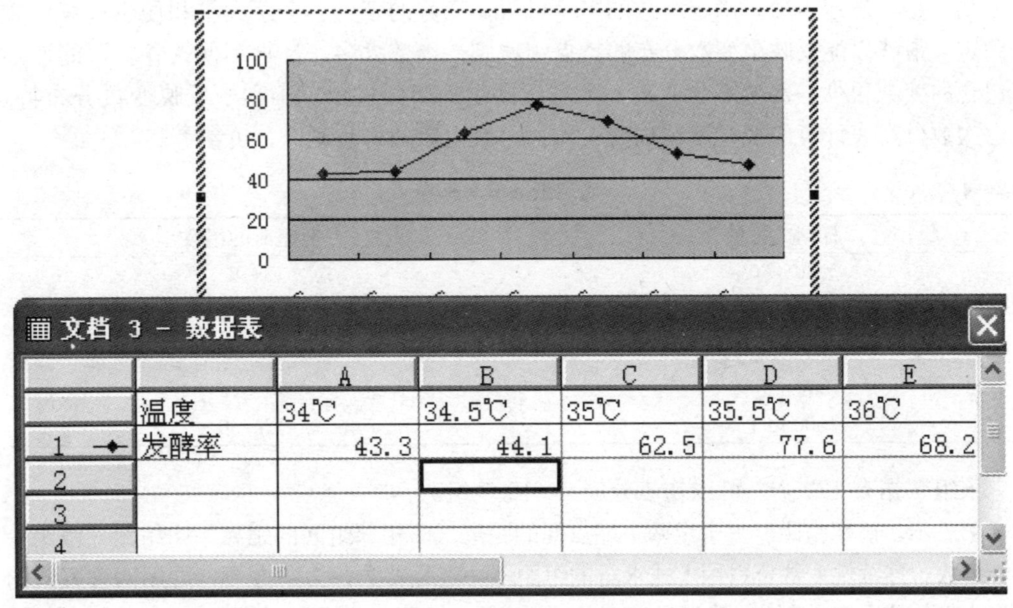

		A	B	C	D	E
	温度	34℃	34.5℃	35℃	35.5℃	36℃
1	发酵率	43.3	44.1	62.5	77.6	68.2
2						
3						
4						

图 2—13 温度对发酵原料利用率影响的折线图

(8) 利用鼠标右键功能删除图 2—13 中的网格线、阴影，并添加上标题"温度对发酵原料利用率的影响"以及 x 轴和 y 轴标识，即出现图 2—14 所示结果。

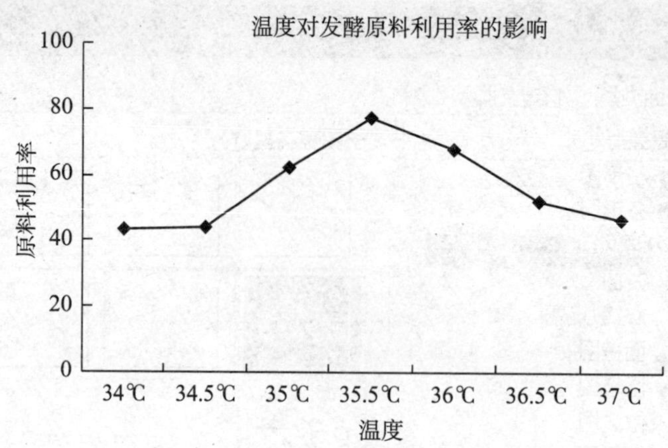

图 2—14　温度对发酵原料利用率的影响

三、分组数据图绘制

对于连续变量或变量的极差较大的情形，通常采用组距分组，即将全部变量值依次划分为若干个区间，每个区间作为一组。在组距分组中，一个组的最小值称为该组的下限，最大值称为该组的上限。用手工绘制计量数据资料的变量组距分组图很复杂，下面以表 2—1 为例，演示利用 Excel 绘制计量数据资料的变量组距分组图的具体操作过程。

具体步骤如下：

第一步，求全距。把数据输入 Excel 表格，并进行校对无误后，利用 Excel 自带公式"MAX"和"MIN"找出这组数据的极大值（0.607）和极小值是（0.493）。求出全距（全距＝极大值－极小值），结果如图 2—15 和图 2—16 所示。

第二步，确定组数。确定组数的多少可根据变数的多少、全距大小和便于计算三方面来确定。最终以能反映出变数分布的特点为原则。组数太多，计算不便，并且可能使某些组包含的变数很少，甚至不含变数，不利于图示。组数过少，不利于反映变数分布特点，且由次数分布表计算的统计量精确度较差。一般组数的初步确定，可参考表 2—4。

表 2—4　　确定组数参考标准

样本含量	分组时的组数
30～60	5～6
60～100	6～8
100～200	8～10
200～500	10～12
500 以上	12～30

该组数据有 120 个，可以初步分成 6～10 个组。

第三步，确定组距。每个组两个端点间的距离（即相邻组间的距离）叫组距。组距＝全距÷组数。连续性变数资料用上式求得的组距不一定是整数，为了方便，可用四舍五入的方式化为整数或只有一个非零的数字。在本例中，组距＝全距÷组数＝0.114÷6＝0.019

≈0.02。

第四步，确定组限与分组。分组内的两个极端值叫做组限，组内最小值为组下限、最大值为组上限。组下限是小于（且最接近极小值）或等于极小值的整数或少一位小数位的数，本例数据集的极小值是0.493，那么小于0.493，且最接近0.493，又少一位小数位的数只有0.49，所以分组的下限是0.49。组上限是大于（且最接近极大值）或等于极大值的整数或少一位小数位的数，本例为0.61。

第五步，确定接受区域数据。即确定 x 轴的标记数据（就是Excel统计工具栏分析工具中“直方图”的接受区域数据参数）。x 轴上的刻度的数字依次是，从组的下限开始加上组距，直到组上限，本例分组的下限值是0.49，组距是0.02，那么 x 轴的标记数值依次是0.49、0.51、0.53、0.55、0.57、0.59和0.61。把表2—1的数据，以及接受区数据输入Excel表的一定位置。然后按照Excel统计工具栏分析工具中的“直方图”的提示作图。具体作图方法与过程如下：

（1）把表2—1中的数据输入Excel表格，并进行校对无误后，利用Excel自带公式“MAX”找出最（极）大值。在单元格B9键入“＝MAX()”，然后在括号内用鼠标选取数据源（A2∶J11）单元格，如图2—15所示。

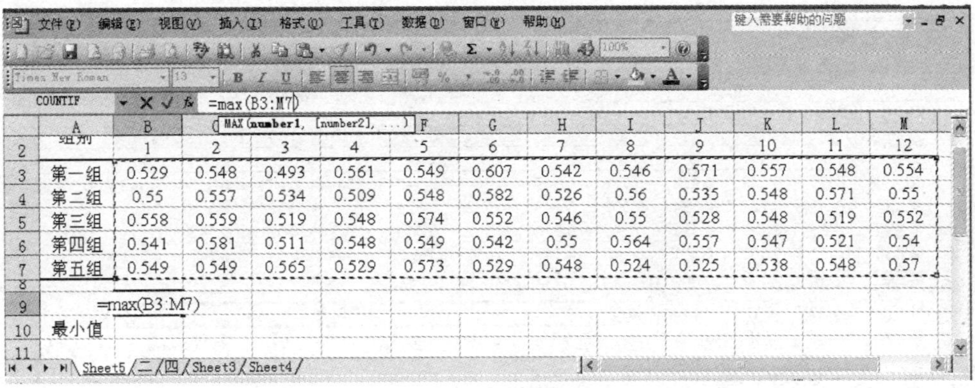

	A	B	C	D	E	F	G	H	I	J	K	L	M
2	组别	1	2	3	4	5	6	7	8	9	10	11	12
3	第一组	0.529	0.548	0.493	0.561	0.549	0.607	0.542	0.546	0.571	0.557	0.548	0.554
4	第二组	0.55	0.557	0.534	0.509	0.548	0.582	0.526	0.56	0.535	0.548	0.571	0.55
5	第三组	0.558	0.559	0.519	0.548	0.574	0.552	0.546	0.55	0.528	0.548	0.519	0.552
6	第四组	0.541	0.581	0.511	0.548	0.549	0.542	0.55	0.564	0.557	0.547	0.521	0.54
7	第五组	0.549	0.549	0.565	0.529	0.573	0.529	0.548	0.524	0.525	0.538	0.548	0.57
9		=max(B3:M7)											
10	最小值												

图2—15　Excel数据表与寻找最大值过程截图

（2）在B10单元格键入“＝MIN()”，然后在括号内用鼠标选取数据源（B2∶M7）单元格，找出最（极）小值，并计算出全距（全距＝极大值－极小值），如图2—16所示。

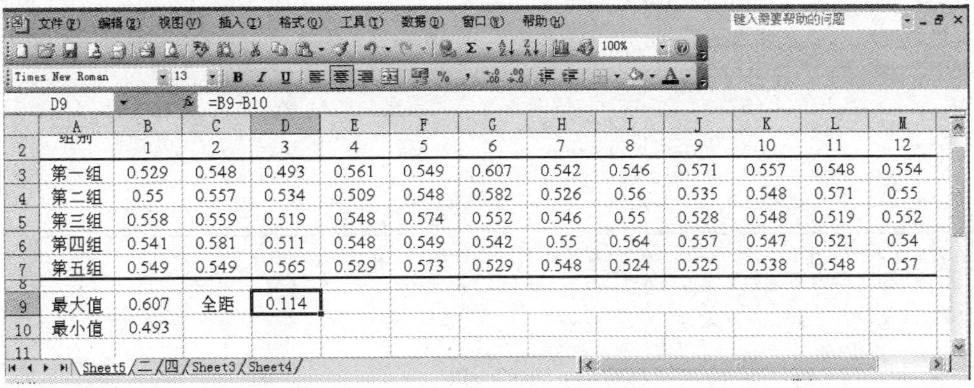

	A	B	C	D	E	F	G	H	I	J	K	L	M
2	组别	1	2	3	4	5	6	7	8	9	10	11	12
3	第一组	0.529	0.548	0.493	0.561	0.549	0.607	0.542	0.546	0.571	0.557	0.548	0.554
4	第二组	0.55	0.557	0.534	0.509	0.548	0.582	0.526	0.56	0.535	0.548	0.571	0.55
5	第三组	0.558	0.559	0.519	0.548	0.574	0.552	0.546	0.55	0.528	0.548	0.519	0.552
6	第四组	0.541	0.581	0.511	0.548	0.549	0.542	0.55	0.564	0.557	0.547	0.521	0.54
7	第五组	0.549	0.549	0.565	0.529	0.573	0.529	0.548	0.524	0.525	0.538	0.548	0.57
9	最大值	0.607	全距	0.114									
10	最小值	0.493											

图2—16　数据组的极值和全距计算结果

（3）根据确定组数考虑 3 个因素的原则，可分为 6 个组，并计算组距（组距＝全距÷组数），计算的结果如图 2—17 所示。

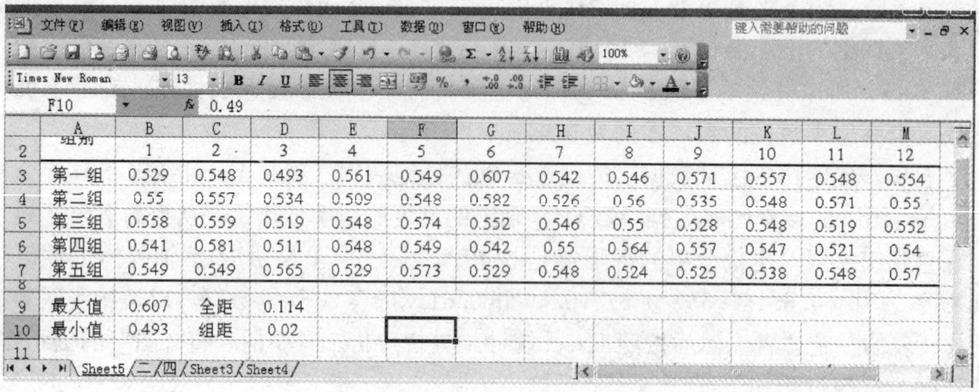

组别	1	2	3	4	5	6	7	8	9	10	11	12
第一组	0.529	0.548	0.493	0.561	0.549	0.607	0.542	0.546	0.571	0.557	0.548	0.554
第二组	0.55	0.557	0.534	0.509	0.548	0.582	0.526	0.56	0.535	0.548	0.571	0.55
第三组	0.558	0.559	0.519	0.548	0.574	0.552	0.546	0.55	0.528	0.548	0.519	0.552
第四组	0.541	0.581	0.511	0.548	0.549	0.542	0.55	0.564	0.557	0.547	0.521	0.54
第五组	0.549	0.549	0.565	0.529	0.573	0.529	0.548	0.524	0.525	0.538	0.548	0.57
最大值	0.607	全距	0.114									
最小值	0.493	组距	0.02									

图 2—17　组距的计算结果

（4）根据极值确定情况，确定分组的下限是 0.49，上限是 0.61，再根据组距确定接受区域，其结果如图 2—18 所示。

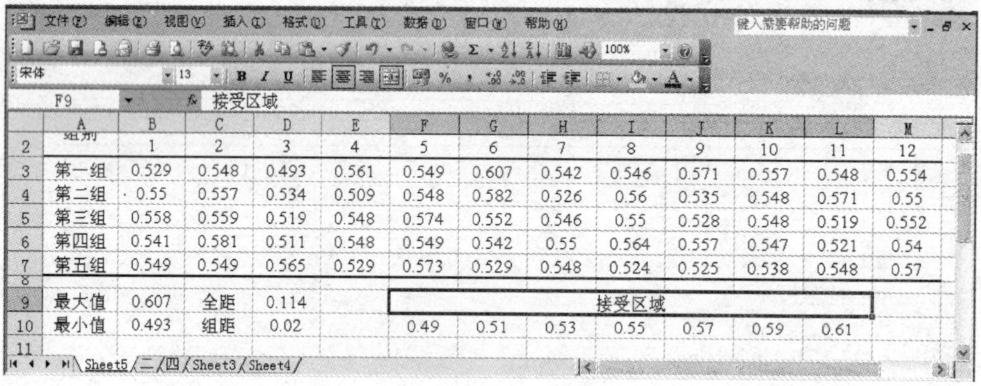

组别	1	2	3	4	5	6	7	8	9	10	11	12
第一组	0.529	0.548	0.493	0.561	0.549	0.607	0.542	0.546	0.571	0.557	0.548	0.554
第二组	0.55	0.557	0.534	0.509	0.548	0.582	0.526	0.56	0.535	0.548	0.571	0.55
第三组	0.558	0.559	0.519	0.548	0.574	0.552	0.546	0.55	0.528	0.548	0.519	0.552
第四组	0.541	0.581	0.511	0.548	0.549	0.542	0.55	0.564	0.557	0.547	0.521	0.54
第五组	0.549	0.549	0.565	0.529	0.573	0.529	0.548	0.524	0.525	0.538	0.548	0.57
最大值	0.607	全距	0.114		接受区域							
最小值	0.493	组距	0.02		0.49	0.51	0.53	0.55	0.57	0.59	0.61	

图 2—18　接受区域的计算结果

（5）用鼠标点击工具栏中的“工具”选项，出现如图 2—19 所示的下拉列表。

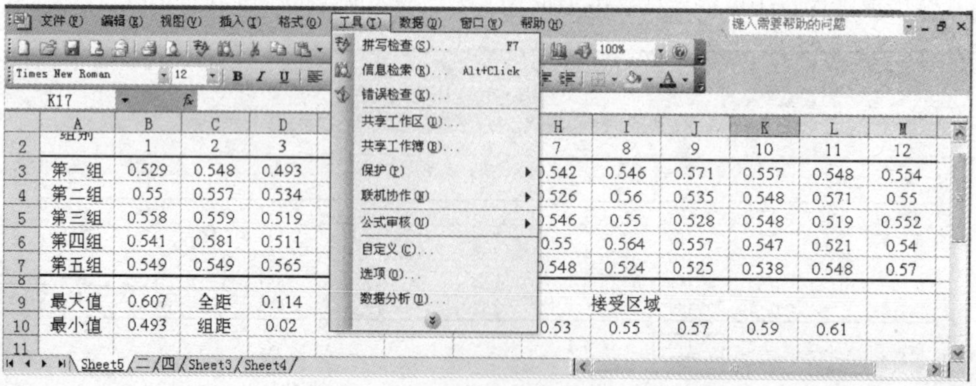

拼写检查(S)... F7
信息检索(R)... Alt+Click
错误检查(K)...
共享工作区(D)...
共享工作簿(B)...
保护(P)
联机协作(N)
公式审核(U)
自定义(C)...
选项(O)...
数据分析(D)...

图 2—19

（6）选择图 2—19 的“工具”下拉列表中的“数据分析”选项，便出现图 2—20 所示“数据分析”对话框。

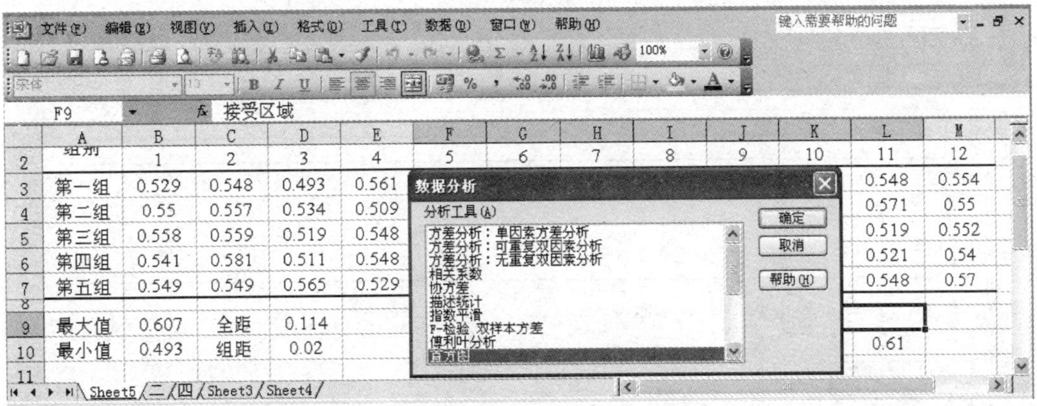

图 2—20 Excel“数据分析”对话框

（7）选择图 2—20“数据分析”对话框中的“直方图”，并点击对话框中的“确定”按钮，弹出“直方图”对话框。在“输入区域”输入框内从 B3 单元格开始拖拉鼠标输入 B3：M7 单元格的数据，在“接受区域”输入框内从 F10 单元格开始拖拉鼠标输入 F10：L10 单元格的数据；在“图表输出”前面的选择框中打“√”，最后确定“输出区域”，本例的输出区域选择的是“A12”单元格，如图 2—21 所示。

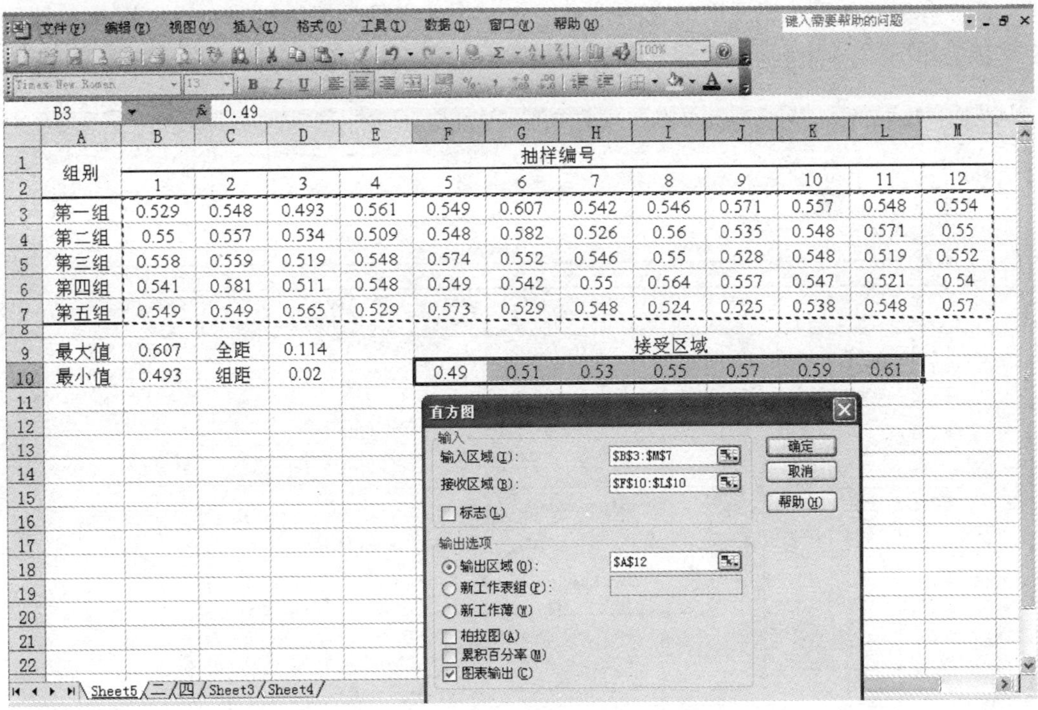

图 2—21 Excel“直方图”对话框截图

（8）点击图 2—21“直方图”对话框中的“确定”按钮，便弹出图 2—21 的变量数据随机分布直方图和频率分布表。

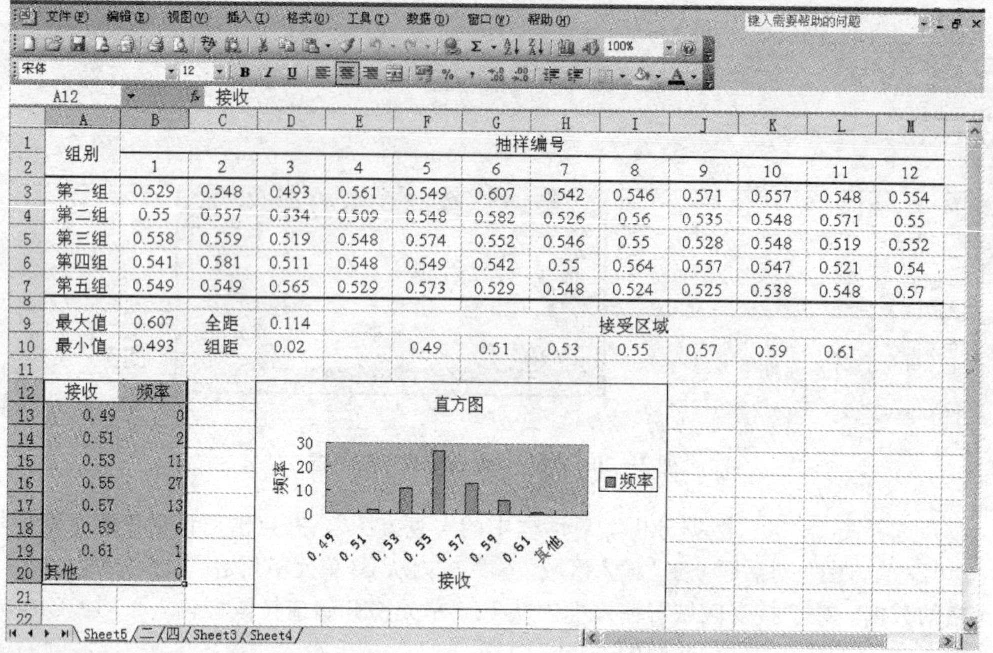

组别	抽样编号											
	1	2	3	4	5	6	7	8	9	10	11	12
第一组	0.529	0.548	0.493	0.561	0.549	0.607	0.542	0.546	0.571	0.557	0.548	0.554
第二组	0.55	0.557	0.534	0.509	0.548	0.582	0.526	0.56	0.535	0.548	0.571	0.55
第三组	0.558	0.559	0.519	0.548	0.574	0.552	0.546	0.55	0.528	0.548	0.519	0.552
第四组	0.541	0.581	0.511	0.548	0.549	0.542	0.55	0.564	0.557	0.547	0.521	0.54
第五组	0.549	0.549	0.565	0.529	0.573	0.529	0.548	0.524	0.525	0.538	0.548	0.57
最大值	0.607	全距	0.114					接受区域				
最小值	0.493	组距	0.02		0.49	0.51	0.53	0.55	0.57	0.59	0.61	

接收	频率
0.49	0
0.51	2
0.53	11
0.55	27
0.57	13
0.59	6
0.61	1
其他	0

图 2—22　变量数据随机分布直方图和频率分布表

（9）参照本单元编辑图表的方法，对图 2—22 的变量数据随机分布直方图进行编辑，使其转成如图 2—23 所示的变量数据随机分布折线图。

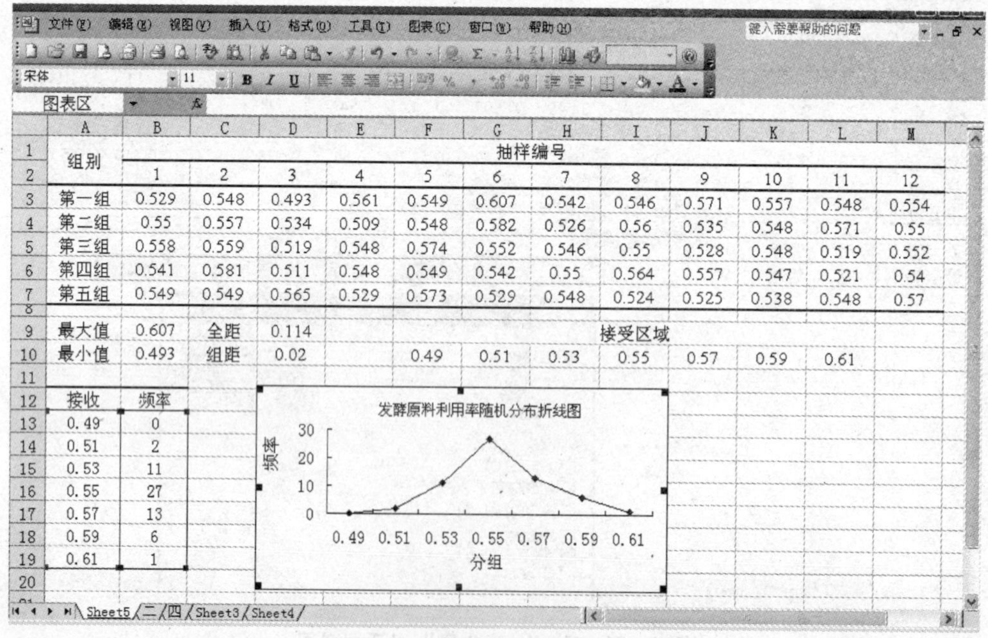

组别	抽样编号											
	1	2	3	4	5	6	7	8	9	10	11	12
第一组	0.529	0.548	0.493	0.561	0.549	0.607	0.542	0.546	0.571	0.557	0.548	0.554
第二组	0.55	0.557	0.534	0.509	0.548	0.582	0.526	0.56	0.535	0.548	0.571	0.55
第三组	0.558	0.559	0.519	0.548	0.574	0.552	0.546	0.55	0.528	0.548	0.519	0.552
第四组	0.541	0.581	0.511	0.548	0.549	0.542	0.55	0.564	0.557	0.547	0.521	0.54
第五组	0.549	0.549	0.565	0.529	0.573	0.529	0.548	0.524	0.525	0.538	0.548	0.57
最大值	0.607	全距	0.114					接受区域				
最小值	0.493	组距	0.02		0.49	0.51	0.53	0.55	0.57	0.59	0.61	

接收	频率
0.49	0
0.51	2
0.53	11
0.55	27
0.57	13
0.59	6
0.61	1

图 2—23　变量数据随机分布折线图

小 结

试验统计的对象是数据资料，概括起来数据资料主要来源于3个方面——科学试验记录、调查研究资料和生产、工作记录。

根据数据资料的性质可以把数据分成两大类：计数资料和计量资料。计数资料是用计数的方法得来，每个变数必须用整数来表示，两整数间不能有小数，数值之间是间断的、不连续的，所以又叫非连续性、变数资料或间断性变数资料。计量资料用度、量、衡等计量测得，数据以长度、容积、重量等来表示。这类资料所测得的数据不一定是整数，两整数间可以有任何小数，在一定的变异范围内，变数个数是无限的，相邻数值间是连续不断的，所以又称为连续性变数资料。不同种类的数据要采用不同的整理和统计分析方法。

整理资料就是根据生产或科研需要的统计分析要求，将核对过的原始资料按一定标志进行归类，综合汇总。具体来说就是将同一现象、同一类型的数据进行合并，使它们与其他现象、其他类型区别开来，使数据资料条理化、系统化，一目了然，便于分析，从而得出正确的结论。统计学上把经过数据整理后，得到的反映随机变量在各组内的分布情况表格，叫做次数分布表或随机分布表，绘制出来的图称为随机分布图。完成不同数据资料的整理需用不同的整理方法，本单元介绍了3类数据资料的整理。这3类数据资料的整理方法有不同点，也有相同点，相同之处概括起来有以下几点：

第一，把记录的数据输入Excel，利用其函数找出数据表中的最大值和最小值；

第二，计算全距，并确定组数、组限、计算出“接受区域”数据系列（即x轴上的刻度数字）；

第三，根据Excel工具栏中“直方图”工具的提示操作，制作出直方图和频率表；

第四，根据数据资料的性质要求对制作出的直方图进行编辑和转化。

课后训练

一、基础知识练习（单项选择）

1. 下面几组数据中属于计量资料的是______。

A. 产品合格数　　B. 抽样的样品数

C. 病人的治愈数　　D. 产品的合格率

2. 已知一组数据的全距是43，最小值是15，最大值是______。

A. 58　　B. 59　　C. 26　　D. 38

3. 某试验抽取样本110个，在做概率分布图时，一般要分成______个组。

A. 6～8　　B. 8～10　　C. 10～12　　D. 12～17

4. 下面几组数据中属于计数资料的是______。

A. 产品合格数　　B. 生产能力指数

C. 产品次品频率　　D. 产品的合格率

5. 对统计图和统计表标题的要求是______。

A. 两者标题都在上方

B. 统计表标题在下方，统计图标题在上方

C. 两者标题都在下方

D. 统计表标题在上方，统计图标题在下方

6. 分类不连续数据宜用______图。

A. 直方图和饼图　　B. 直方图和雷达图

C. 折线图和面积图　　D. 折线图和散点图

7. 计量连续数据宜用______图。

A. 直方图和饼图　　B. 直方图和雷达图

C. 折线图和面积图　　D. 折线图和散点图

二、基本能力训练

1. 不同 pH 值培养基对发酵菌种生长影响的数据，如表 2—5 所示。请作出培养基 pH 值对发酵菌种影响的折线图。

表 2—5　　不同 pH 值对培养发酵菌种生长影响的数据

pH 值	4.5	5	5.5	6	6.5	7	7.5
OD 平均值	0.50	0.57	0.64	0.73	0.61	0.56	0.51

2. 在某药合成过程中，测得的转化率（%）如表 2—6 所示。

表 2—6　　某药合成过程中测得的转化率（%）

92.2	92.3	91.5	91.6	92.6	91.5	92.4	92.5	92.6	91.8	94.1
91.5	92.8	92.6	91.4	91.7	90.6	92.6	94.2	92.8	91.8	91.4
92.8	92.3	91.6	91.8	91.4	92.5	91.8	92.5	92.3	93.6	92.7
90.9	91.8	91.4	92.3	94.2	91.8	92.7	92.5	92.6	94.1	91.6
92.5	94.2	92.8	92.9	94.1	91.8	92.5	92.3	91.7	92.5	90.8

（1）取组距为 0.5，最低组下限为 90.5，试作出频数分布表。

（2）作频数直方图和频率折线图。

（3）计算总体均值和标准差。

三、应用拓展训练

1. 某山楂饮料厂质检员对该厂生产的 5 批产品进行检验。在进行产品质量检验中，在同一批产品中随机抽取 10 个样品对其原汁的含量进行检验，其检验的结果如表 2—7 所示。

表 2—7　　某山楂饮料厂 5 批山楂饮料原汁含量抽检结果（%）

批号	抽检编号									
	1	2	3	4	5	6	7	8	9	10
一	10.2	10.1	9.6	9.5	10.5	9.6	9.7	10.1	10.3	10.2
二	9.6	9.5	10.5	9.6	9.7	10.1	10.4	10.3	9.8	9.9
三	10.5	9.6	9.7	10.1	10.4	10.5	9.6	9.7	10.1	10.4
四	9.5	10.5	9.6	9.7	10.1	10.3	10.2	10.4	10.0	9.7
五	10.1	10.3	10.2	10.4	10.0	9.7	9.6	9.7	10.1	10.3

根据上表，利用 Excel 绘制某山楂饮料厂 5 批山楂饮料原汁含量的随机分布直方图和累积频率表。

2. 下表是某研究人员在连南瑶族调查时测得的 110 名 7 岁学生身高的数据资料如表 2—8 所示。

请根据此表制作出连南瑶族 7 岁学生身高随机分布表和随机分布图。

要求：

第一，随机分布表为三线表格。

第二，去除随机分布图中的“绘图区”阴影；删除图表中的“其他”两字和“图例”。

第三，设置 x 轴和 y 轴的字体为小五号宋体。

第四，标明 x 轴是“身高”，y 轴是“频数”，图表的标题是“连南瑶族 7 岁学生身高随机分布图”。

第五，把“直方图”转化成“折线图”。

表 2—8　　连南瑶族 7 岁学生身高数据资料表　　（单位：cm）

115	116	123	124	112	117	108	120	117	119	123
115	119	119	121	111	113	111	113	119	118	114
112	112	124	125	118	122	118	127	119	119	121
129	114	111	110	113	123	123	126	123	110	123
115	114	117	118	123	123	112	120	118	120	115
124	111	114	114	115	112	116	113	117	115	118
113	118	117	113	120	116	120	117	117	113	116
112	117	120	125	116	118	115	111	123	117	114
121	117	118	113	122	115	114	123	120	124	118

任务三　检验结果的判断

◎ **能力目标**

1. 能利用 Excel 自带统计公式计算数据资料的基本特征数。

2. 能应用试验统计的基本特征数知识，计算具体生产过程的基本特征数，以了解生产进程的一些总体特征。

3. 能应用生产过程能力指数对某一生产过程的运行状况进行评价与分析。

◎ **知识目标**

1. 了解试验统计的基本作用、试验统计与统计的基本术语和试验统计的关系。

2. 理解试验统计的含义、基本特征数的内涵。

3. 掌握试验统计的两类基本特征数的内涵、利用 Excel 自带函数计算基本特征数的方法及其在统计与分析中的应用。

◎ **素质要求**

培养学生用试验数据分析问题和揭示问题内在规律的逻辑思维方法。

◎ **任务背景**

某工厂希望评估发酵温度为 35.8℃时的运行状况。根据试验结果和生产工艺的要求，发酵的原料利用率应为 0.55±0.05，标准差不大于 0.06 为合格。根据统计 6 西格玛质量管理要求，生产过程能力指数——Cpk 为 1.33 以上，设备运行才为正常。在 5 批发酵产品中，检验员从每批产品中连续抽取 12 个样本作为一个子组，共计抽取 60 个样品，并分析记录发酵的利用率如表 3—1 所示。

表 3—1　　35.8℃条件下 5 批发酵产品的原料利用率

组别	抽样编号											
	1	2	3	4	5	6	7	8	9	10	11	12
第一组	0.529	0.543	0.493	0.559	0.545	0.607	0.577	0.546	0.527	0.557	0.538	0.544
第二组	0.550	0.557	0.534	0.519	0.588	0.532	0.526	0.560	0.545	0.559	0.557	0.550
第三组	0.555	0.559	0.527	0.562	0.544	0.562	0.546	0.530	0.513	0.529	0.517	0.562
第四组	0.541	0.581	0.511	0.551	0.561	0.542	0.557	0.564	0.557	0.539	0.521	0.540
第五组	0.559	0.551	0.565	0.530	0.573	0.549	0.548	0.514	0.525	0.591	0.568	0.537

◎ **工作任务**

1. 根据背景资料，计算抽检产品的平均数和标准差，并判断温度在35.8℃条件下发酵的原料利用率是否达到标准的要求。

2. 根据背景资料，计算生产过程的能力指数，根据进程能力指数分析、评估温度在35.8℃条件下发酵生产的运行状况。

◎ **工作步骤**

第一，确定工作目标，拟定试验方案；

第二，随机抽样，测试样本；

第三，把记录的数据输入Excel，并利用函数计算其基本特征数（平均数、标准差）；

第四，根据平均数和标准差判断产品是否合格；

第五，根据平均数和标准差和生产工艺质量要求计算进程能力指数（Cpk）；

第六，根据过程性能指数标准对生产线的生产性能进行评价，并撰写检测报告。

单元一　平均数的计算

试验统计（stat test）是用数理统计的原理和方法，通过对试验或调查所获得的数据资料进行处理分析，以解释自然界各种现象，从而提示其发生和发展基本规律的科学。人们研究问题的思路，总是首先想到特殊，然后从特殊到一般。统计学研究问题时也采用了这一哲学原理，常常是通过某事物的一部分所表现出的特征，来推断估计该事物全体的特征，目的在于对总体进行研究，作出合乎逻辑的推论，得到对客观事物的本质和规律的认识。统计学从某种意义说，是通过对某一整体中一部分个体的特征特性研究，进而推断或描述整体的特征特性的一门学科。

统计与试验设计二者是一个学科不可分割的两个部分。首先，试验设计是试验统计工作的前提条件，它不仅为统计工作提供丰富可靠的资料，而且不同的试验设计需用不同的统计方法。试验统计是试验设计的基础，无论什么样的试验设计都需要有丰富的生物统计理论知识作基础。只有两者科学紧密地给合在一起，才能使试验得出较为客观的结论，不断地推动生产与科学研究的发展。

一、参数与统计量

从总体中计算所得的用以描述总体特征的数值，称为参数（parameter），如总体平均数、总体标准差等。这些数据在理论上是存在的，但实际中不易得到。参数用希腊字母μ、σ等表示。

从样本中计算所得的数值称为统计量（statistic）。统计量常用拉丁字母如x、y、s等表示，统计量通常用以估计推断参数。

二、变数与变异数列

表示生物某性状的任何一个观察值称为变数。变数的计量可分为计量资料和计数资料两种。把所有变数按一定规律整理成的一个序列，称为变异数列。

在生产和科学研究中，我们所得到的数据资料往往是样本而不是总体。这就需要对样本资料进行初步的分析，从中找出规律性的东西，以样本推断总体，用于指导生产和科学研究工作。试验研究中变数变化的趋势主要有两种，一是集中性的趋势，一是变异性的趋势。在实际生产和科研工作中，我们可利用数据资料的特征数对试验数据进行初步的统计分析，从而对试验的结果进行初步的判断和推论。

三、集中趋势变数与评价

集中趋势变数是代表受试对象性能、特点和试验处理效果数据向总体趋势变化的统计量，在试验统计中用它与其他资料进行比较，以衡量不同资料之间总体的差异程度。常用的集中趋势变数有平均数、中数和众数，本书仅介绍最常用的平均数。

平均数是反映数据资料集中性的代表值。是进行统计分析和统计推断的基础。它主要适用于数值型（定量）数据，但不适用品质型（定性）数据。根据表现形式的不同，平均数有不同的计算形式和计算公式。它分为算术平均数、几何平均数和调和平均数等，其中以算术平均数的应用最为广泛。

1. 算术平均数

算术平均数是变数的总和除以变数的个数所得的商，称为算术平均数，简称平均数或均数。可分为总体平均数和算术平均数。总体平均数用希腊字母 μ 表示；算术平均数用 $\overline{x}$ 表示，它的单位与变数的单位相同。本单元检验结果是否合格判断的直接依据就是样本的算术平均数。样本平均数的计算公式为：

$$\overline{x}=\frac{x_1+x_2+x_3+\cdots+x_n}{n}=\frac{\sum x}{n},$$

式中的 x_1、x_2、…、x_n 表示样本中的每个变数，n 为样本的个数。

Microsoft Office Excel 自带函数公式是"AVERAGE"。应用方法是：打开 Microsoft Office Excel，并按行或列输入表 3—1 中的变数数据，如图 3—1 所示。

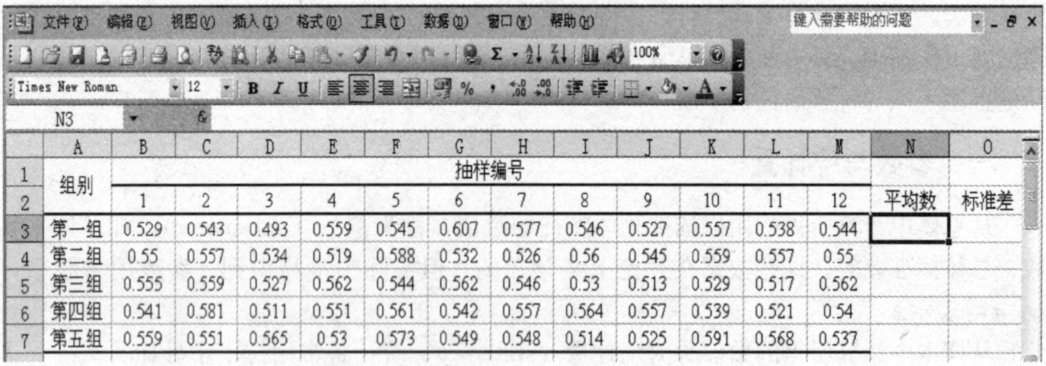

	A	B	C	D	E	F	G	H	I	J	K	L	M	N	O
1	组别	抽样编号													
2		1	2	3	4	5	6	7	8	9	10	11	12	平均数	标准差
3	第一组	0.529	0.543	0.493	0.559	0.545	0.607	0.577	0.546	0.527	0.557	0.538	0.544		
4	第二组	0.55	0.557	0.534	0.519	0.588	0.532	0.526	0.56	0.545	0.559	0.557	0.55		
5	第三组	0.555	0.559	0.527	0.562	0.544	0.562	0.546	0.53	0.513	0.529	0.517	0.562		
6	第四组	0.541	0.581	0.511	0.551	0.561	0.542	0.557	0.564	0.557	0.539	0.521	0.54		
7	第五组	0.559	0.551	0.565	0.53	0.573	0.549	0.548	0.514	0.525	0.591	0.568	0.537		

图 3—1 Excel 数据集

确定计算结果要写入的单元格，点击鼠标左键，如此例的 N3 单元格，按住鼠标左键并拖动到 B3，如图 3—2 所示。

用鼠标点击工具栏上的"Σ"右边的下拉框按钮"▼"，即出现图 3—3 所示下拉列表。

B3 | 0.529

组别	抽样编号												平均数	标准差
	1	2	3	4	5	6	7	8	9	10	11	12		
第一组	0.529	0.543	0.493	0.559	0.545	0.607	0.577	0.546	0.527	0.557	0.538	0.544		
第二组	0.55	0.557	0.534	0.519	0.588	0.532	0.526	0.56	0.545	0.559	0.557	0.55		
第三组	0.555	0.559	0.527	0.562	0.544	0.562	0.546	0.53	0.513	0.529	0.517	0.562		
第四组	0.541	0.581	0.511	0.551	0.561	0.542	0.557	0.564	0.557	0.539	0.521	0.54		
第五组	0.559	0.551	0.565	0.53	0.573	0.549	0.548	0.514	0.525	0.591	0.568	0.537		

图 3—2 选中第一组数据

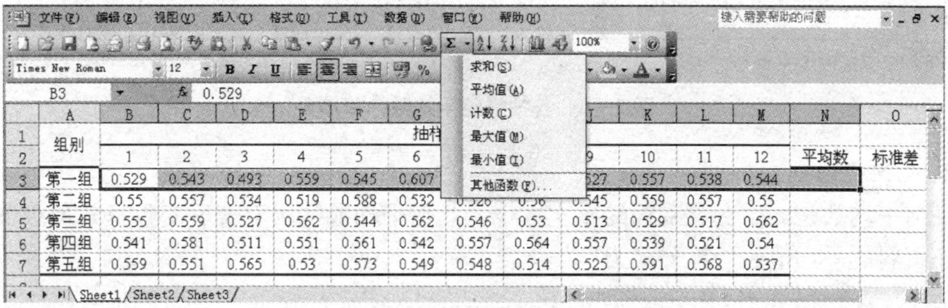

B3 | 0.529

图 3—3 “Σ”下拉列表

用鼠标点击下拉框中的“平均值”，即得出图 3—4 所示的结果。

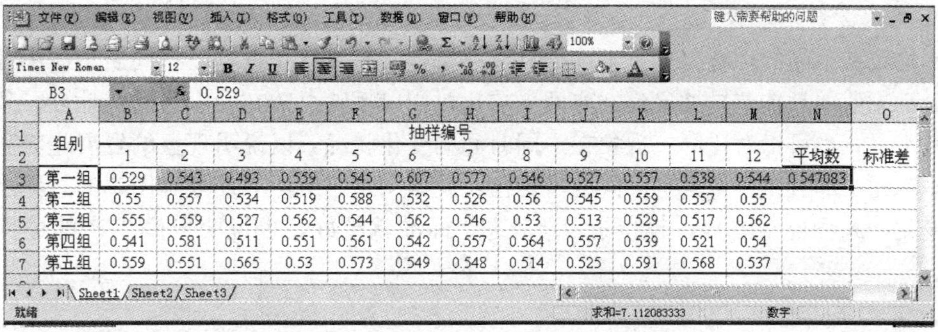

B3 | 0.529

组别	抽样编号												平均数	标准差
	1	2	3	4	5	6	7	8	9	10	11	12		
第一组	0.529	0.543	0.493	0.559	0.545	0.607	0.577	0.546	0.527	0.557	0.538	0.544	0.547083	
第二组	0.55	0.557	0.534	0.519	0.588	0.532	0.526	0.56	0.545	0.559	0.557	0.55		
第三组	0.555	0.559	0.527	0.562	0.544	0.562	0.546	0.53	0.513	0.529	0.517	0.562		
第四组	0.541	0.581	0.511	0.551	0.561	0.542	0.557	0.564	0.557	0.539	0.521	0.54		
第五组	0.559	0.551	0.565	0.53	0.573	0.549	0.548	0.514	0.525	0.591	0.568	0.537		

求和=7.112083333

图 3—4 第一组数据的平均数计算结果

再用鼠标点击一下“N3”单元格，即出现图 3—5 所示的结果。

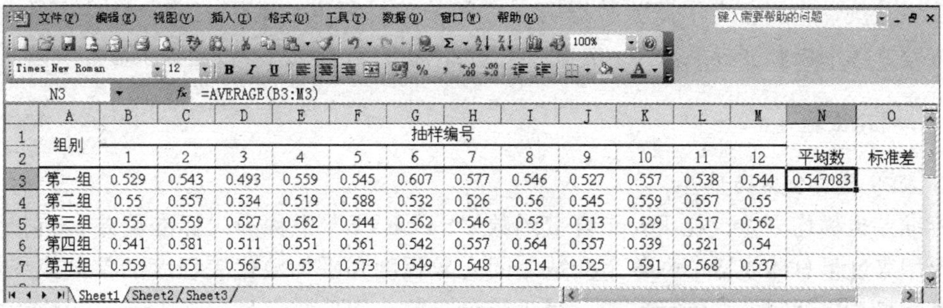

N3 | =AVERAGE(B3:M3)

组别	抽样编号												平均数	标准差
	1	2	3	4	5	6	7	8	9	10	11	12		
第一组	0.529	0.543	0.493	0.559	0.545	0.607	0.577	0.546	0.527	0.557	0.538	0.544	0.547083	
第二组	0.55	0.557	0.534	0.519	0.588	0.532	0.526	0.56	0.545	0.559	0.557	0.55		
第三组	0.555	0.559	0.527	0.562	0.544	0.562	0.546	0.53	0.513	0.529	0.517	0.562		
第四组	0.541	0.581	0.511	0.551	0.561	0.542	0.557	0.564	0.557	0.539	0.521	0.54		
第五组	0.559	0.551	0.565	0.53	0.573	0.549	0.548	0.514	0.525	0.591	0.568	0.537		

图 3—5 第一组数据的平均数单元格被选中

此时鼠标向“N3”单元格的右下角移动，当鼠标由“✚”形状变成“+”形状时，按住鼠标左键向下拖动，直到“N7”单元格，然后放开鼠标，即出现图 3—6 所示结果。

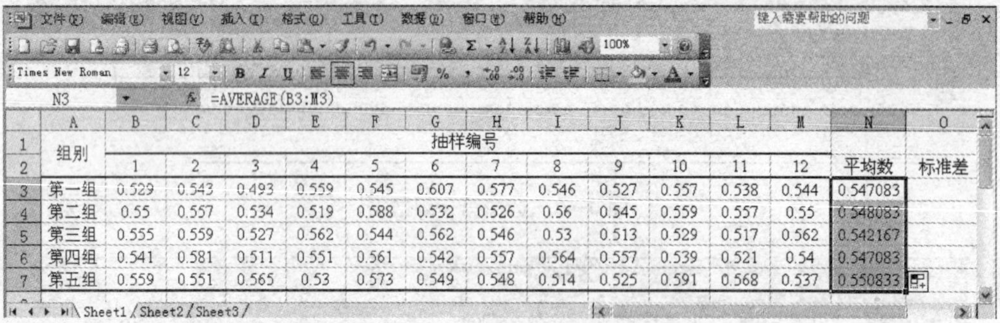

N3 =AVERAGE(B3:M3)

组别	抽样编号												平均数	标准差
	1	2	3	4	5	6	7	8	9	10	11	12		
第一组	0.529	0.543	0.493	0.559	0.545	0.607	0.577	0.546	0.527	0.557	0.538	0.544	0.547083	
第二组	0.55	0.557	0.534	0.519	0.588	0.532	0.526	0.56	0.545	0.559	0.557	0.55	0.548083	
第三组	0.555	0.559	0.527	0.562	0.544	0.562	0.546	0.53	0.513	0.529	0.517	0.562	0.542167	
第四组	0.541	0.581	0.511	0.551	0.561	0.542	0.557	0.564	0.557	0.539	0.521	0.54	0.547083	
第五组	0.559	0.551	0.565	0.53	0.573	0.549	0.548	0.514	0.525	0.591	0.568	0.537	0.550833	

图 3—6 各抽样组平均数计算结果

2. 几何平均数

几何平均数是 n 个变数乘积的 n 次方根。几何平均数常用于表示变数呈几何级数增长的偏态资料的平均值，计算公式为：

$$G=\sqrt[n]{x_1x_2\cdots x_n}$$

Microsoft Office Excel 自带函数公式是“GEOMEAN”。应用方法与计算算术平均数公式基本相同。

3. 平均数的统计意义

平均数在不同的环境下具有不同的具体意义，其基本意义是可以将同质总体中各单位的数量标志值的具体差异抽象化，亦即平均化，用以反映总体在一定时间、地点、条件下的一般水平。也可以对比同一现象在不同时间的变化状况，以说明现象的发展趋势和规律性。本单元中的五组样本具有不同的平均值，就说明这五组样本发酵利用率的总体水平不同、变化的趋势也有差异，越接近 0.55 这个标准就越好，也说明发酵生产的过程就越稳定。

单元二 变异性特征数的计算

变异性特征数是代表受试对象性能、特点和试验处理效果数据向离散趋势变化的统计量，在试验统计中用它表示试验数据资料之间的差异程度。常用的变异性特征数有标准差、方差、标准误和变异系数等，这里重点介绍标准差（偏差）和变异系数。

一、标准差

1. 标准差的含义与计算

标准差也称均方差，在 Excel 自带函数“STDEVP”中称为“标准偏差”，它是目前被广泛用来度量总体或样本中各个变数之间变异程度和平均数代表程度的参数或统计量。如用来度量总体就叫做总体标准差，属于统计参数，用希腊字母 σ 来表示，σ^2 称为方差。如用来度量样本则称为样本标准差，属于统计量，用拉丁字母 s 来表示，s^2 称为方差。总体方差和总体标准差在实际中很少用，它们的计算公式分别是：

$$\sigma^2 = \frac{\sum (x-\mu)^2}{N}$$

$$\sigma = \sqrt{\frac{\sum (x-\mu)^2}{N}}$$

样本方差与样本标准差是统计分析中最常用的统计分析标准。在统计分析计算中有所不同，又分为大样本和小样本。大样本的样本方差和标准差是：

$$S^2 = \frac{\sum (x-\overline{x})^2}{n}$$

$$S = \sqrt{\frac{\sum (x-\overline{x})^2}{n}}$$

小样本的样本方差和标准差是：

$$S^2 = \frac{\sum (x-\overline{x})^2}{n-1}$$

$$S = \sqrt{\frac{\sum (x-\overline{x})^2}{n-1}} = \sqrt{\frac{\sum x^2 - \frac{(\sum x)^2}{n}}{n-1}}$$

Microsoft Office Excel 自带函数样本标准差的公式是“STDEV”。现引用一实例对此函数应用方法作一简介：

现以表 3—1 的数据为例，演示利用 Excel 计算标准差的方法。

(1) 打开 Microsoft Office Excel，并按行或列输入变数数据，确定计算结果要写入的单元格，点击鼠标左键，如此例的 O3 单元格，如图 3—7 所示。

组别	抽样编号													
	1	2	3	4	5	6	7	8	9	10	11	12	平均数	标准差
第一组	0.529	0.543	0.493	0.559	0.545	0.607	0.577	0.546	0.527	0.557	0.538	0.544	0.547083	
第二组	0.55	0.557	0.534	0.519	0.588	0.532	0.526	0.56	0.545	0.559	0.557	0.55	0.548083	
第三组	0.555	0.559	0.527	0.562	0.544	0.562	0.546	0.53	0.513	0.529	0.517	0.562	0.542167	
第四组	0.541	0.581	0.511	0.551	0.561	0.542	0.557	0.564	0.557	0.539	0.521	0.54	0.547083	
第五组	0.559	0.551	0.565	0.53	0.573	0.549	0.548	0.514	0.525	0.591	0.568	0.537	0.550833	

图 3—7 选中结果输出单元格“O3”

(2) 用鼠标点击编辑栏中的“fx”，即出现图 3—8 所示的对话框。

(3) 在函数选项中选择“STDEV”，用鼠标点击“确定”按钮，即出现图 3—9 所示的对话框。

(4) 用鼠标点击图 3—9 所示对话框中的 number1 框，并用鼠标拖动选中数据区（“B3”至“M3”单元格），于是被选中的数据区就会出现闪动虚线框，如图 3—10 所示。

(5) 用鼠标点击“确定”按钮即出现计算结果（0.027 79），如图 3—11 所示。

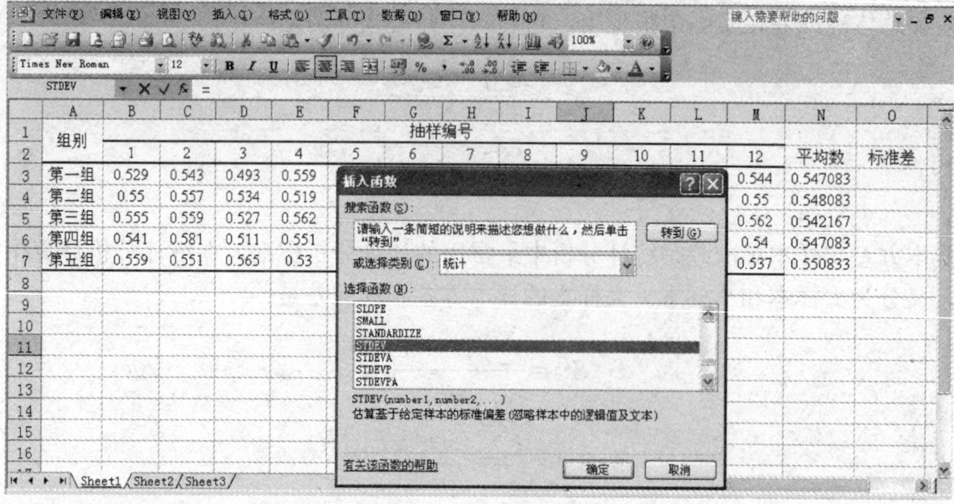

图 3—8　插入函数"STDEV"(标准差)

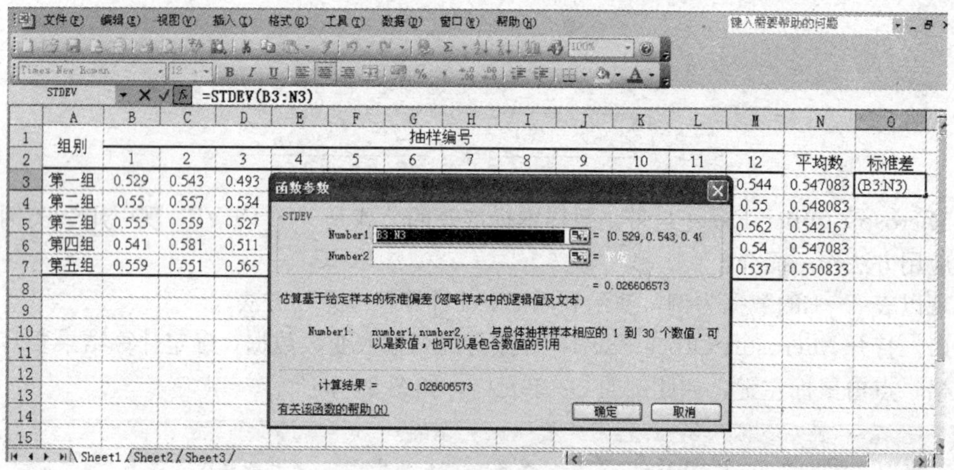

图 3—9　"函数参数"对话框

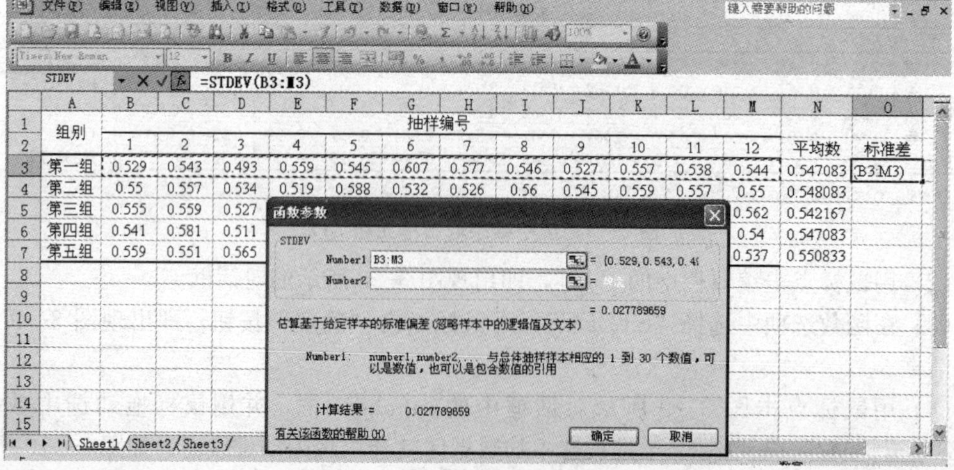

图 3—10　选中第一组数据

O3 =STDEV(B3:M3)

组别	抽样编号												平均数	标准差
	1	2	3	4	5	6	7	8	9	10	11	12		
第一组	0.529	0.543	0.493	0.559	0.545	0.607	0.577	0.546	0.527	0.557	0.538	0.544	0.547083	0.02779
第二组	0.55	0.557	0.534	0.519	0.588	0.532	0.526	0.56	0.545	0.559	0.557	0.55	0.548083	
第三组	0.555	0.559	0.527	0.562	0.544	0.562	0.546	0.53	0.513	0.529	0.517	0.562	0.542167	
第四组	0.541	0.581	0.511	0.551	0.561	0.542	0.557	0.564	0.557	0.539	0.521	0.54	0.547083	
第五组	0.559	0.551	0.565	0.53	0.573	0.549	0.548	0.514	0.525	0.591	0.568	0.537	0.550833	

图 3—11 第一组数据标准差计算结果

（6）此时鼠标向“O3”单元格的右下角移动，当鼠标由“✚”形状变成“+”形状时，按住鼠标左键向下拖动，直至“O7”单元格，然后放在鼠标，即出现如图 3—12 所示结果。

Microsoft Excel - Book1.xls

O3 =STDEV(B3:M3)

组别	患者编号												平均数	标准差
	1	2	3	4	5	6	7	8	9	10	11	12		
第一组	0.529	0.543	0.493	0.559	0.545	0.607	0.577	0.546	0.527	0.557	0.538	0.544	0.547083	0.02779
第二组	0.55	0.557	0.534	0.519	0.588	0.532	0.526	0.56	0.545	0.559	0.557	0.55	0.548083	0.018637
第三组	0.555	0.559	0.527	0.562	0.544	0.562	0.546	0.53	0.513	0.529	0.517	0.562	0.542167	0.018295
第四组	0.541	0.581	0.511	0.551	0.561	0.542	0.557	0.564	0.557	0.539	0.521	0.54	0.547083	0.019076
第五组	0.559	0.551	0.565	0.53	0.573	0.549	0.548	0.514	0.525	0.591	0.568	0.537	0.550833	0.022008

图 3—12 各抽样组标准差计算结果

2. 标准差的统计意义

标准差主要用于度量单位与平均数相同的两个或多个资料变异程度的比较。标准差大就说明数据资料的变异程度大，从而可以评价试验效果或生产状况的优劣。例如，在评价本章生产进程式上，标准差可作为量度生产运行稳定性的指标。标准差数值越大，代表生产的产品偏离规定的标准越大，产品的质量较不稳定，故出现不合格品的就风险越高。相反，标准差数值越小，就说明产品的质量较为稳定，故出现不合格品的风险亦较小。

二、变异系数

变异系数又称“标准差率”或离散系数，是衡量资料中各观测值变异程度的另一个统计量，是样本标准差与平均数的比值，用 CV 表示。计算公式是：

$$CV=\frac{S}{\bar{x}}\times 100\%$$

统计学意义：变异系数用于两个或多个资料变异程度的比较，特别适合于不同质之间差异程度的比较。如：比较药片的溶出度与崩解度差异程度大小时，就不能用标准差，而是用变异系数。

三、计算结果的判断

图 3—12 所示计算结果显示：各抽样组的平均数和标准差均在标准规定的范围内，由此可以判断被检产品合格。

单元三　生产过程能力评价

SPC 即英文“Statistical Process Control”的缩写，意为“统计制程控制”或称统计过程控制。SPC 主要是指应用统计分析技术对生产过程进行实时监控，科学地区分出生产过程中产品质量的随机波动与异常波动，从而对生产过程的异常趋势提出预警，以便生产管理人员及时采取措施，消除异常，恢复过程的稳定，从而达到提高和控制质量的目的。

实施 SPC 分为两个阶段，一是分析阶段（批量试产阶段），二是监控阶段。在这两个阶段所使用的控制图分别被称为分析用控制图和控制用控制图。

一、生产进程能力指数的含义

生产过程能力指数是现代企业用于表示制成能力的指标，是统计控制的主要内容。统计控制分析阶段或生产前调试阶段（批量试产阶段）分析评价的主要指标是生产过程指数 Cpk；监控阶段（正式生产阶段）分析评价的主要指标是生产过程指数 Ppk。

（一）生产过程能力指数的计算

1. Cpk 的计算公式

$$\mathrm{Cpk} = \mathrm{Cp} \times (1 - |\mathrm{Ca}|) \tag{3—1}$$

Cp：制程精密度（规范允许误差）反映的是散布关系（离散趋势）；Ca：制程准确度（规范标准）反映的是位置关系（集中趋势）。

（1）制程精密度（Cp）。

$$\mathrm{Cp} = \frac{T}{6\sigma} \tag{3—2}$$

其中，σ 是标准差，T 是规格公差。

$$T = \mathrm{USL} - \mathrm{LSL} \tag{3—3}$$

其中，USL 和 LSL 分别是生产产品规格的上、下限。

（2）制程准确度（Ca）。

$$\mathrm{Ca} = \frac{2(\bar{x} - U)}{T} \tag{3—4}$$

其中，$\bar{x}$ 是抽样样本的平均数；U 是规格中心值。

$$U = \frac{\mathrm{USL} + \mathrm{LSL}}{2} \tag{3—5}$$

通过以上公式的代换与合并运算，生产过程能力指数的计算公式如下：

$$\mathrm{Cpk}=\frac{T-2|\bar{x}-U|}{6\sigma} \quad (3—6)$$

2. Cpk 的评级标准

A⁺⁺级　Cpk≥2.0　特优：可考虑成本的降低；

A⁺级　2.0>Cpk≥1.67　优：应当保持；

A 级　1.67>Cpk≥1.33　良：能力良好，状态稳定，但应尽力提升为 A⁺级；

B 级　1.33>Cpk≥1.0　一般：状态一般，制程因素稍有变异即有产生不良的危险，应利用各种资源及方法将其提升为 A 级；

C 级　1.0>Cpk≥0.67　差：制程不良较多，必须提升其能力；

D 级　0.67>Cpk　不可接受：其能力太差，应考虑重新整改设计制程。

3. Cpk 计算与生产过程评价

第一步，首先利用公式（3—3）和（3—5）计算规格公差和规格中心值：

$$T=USL-LSL=(0.55+0.05)-(0.55-0.05)=0.1$$

$$U=\frac{USL+LSL}{2}=\frac{(0.55+0.05)+(0.55-0.05)}{2}=0.55$$

第二步，利用 Excel 自带函数计算本章实例的抽样样本平均值是“0.547 1”，总体标准差是“0.020 9”，代入公式（3—6）：

$$\mathrm{Cpk}=\frac{T-2|\bar{x}-U|}{6\sigma}=\frac{0.1-2|0.5471-0.55|}{6\times 0.0209}=0.751\,2$$

第三步，根据 Cpk 的评级标准，此生产过程为 C 级，即生产能力差（制程不良，必须提升其能力）。

4. Ppk 的计算

Ppk 和 Cpk 都是生产过程能力指数，测试的方法与计算公式都相同，只是应用的条件或场所不同，评价的标准也稍有区别。Ppk，是进入大批量生产前，对小批生产的生产能力评价，一般要求大于或等于 1.67；而 Cpk，是进入大批量生产后，为保证批量生产下的产品的品质状况不至于下降，且为保证与小批生产具有同样的控制能力，所进行的生产能力的评价，一般要求大于或等于 1.33，一般来说，Cpk 需要借助 Ppk 的控制界限来作为控制界限。

小　结

试验统计是用数理统计的原理和方法通过对试验或调查所获得的数据资料进行处理分析，以解释自然界各种现象，从而揭示其发生和发展基本规律的一门学科。生物统计与试验设计二者是一个学科不可分割的两个部分。

试验统计的常用术语主要有：参数、统计量和变量。从总体中计算所得的用以描述总体特征的数值的是参数。从样本中计算所得的数值称为统计量。表示生物某性状的任何一个观察值称为变数。

表示数据资料特征的数据主要有两类：一是集中性特征数，是反映数据资料集中性的代表值，常用的是平均数；二是变异性特征数，代表受试对象性能、特点和试验处理效果数据向离散趋势变化的统计量，在试验统计中用它表示试验数据资料之间的差异程度。常用的是标准差和变异系数。

SPC是统计过程控制分析。实施SPC分为两个阶段，一是分析阶段（批量试产阶段），二是监控阶段。生产过程能力指数是现代企业用于表示制成能力的指标，是统计控制的主要内容。统计控制分析阶段或生产前调试阶段（批量试产阶段）分析评价的主要指标是生产过程指数Ppk，一般要求要大于或等于1.67；监控阶段（正式生产阶段）分析评价的主要指标是生产过程指数Cpk，一般要求大于或等于1.33。

Ppk与Cpk的测试方法和计算公式都相同，只是应用的条件或场所不同，评价的标准也稍有区别。

利用生产过程能力指数对生产运行能力进行分析评价的基本工作步骤如下：

第一步，确定目标，拟定检测方案；

第二步，连续随机抽取样本，一般不小于100个样本；

第三步，对抽取的样本进行处理，记录观察或试验数据，并输入Excel；

第四步，利用Excel自带公式计算样本平均数和标准差；

第五步，按照公式计算生产过程能力指数；

第六步，根据过程能力指数标准，对生产过程的能力进行评价。

课后训练

一、基础知识训练

（一）单项选择

1. 平均数是反映数据资料______的代表值。

A. 变异性　　B. 集中性　　C. 差异性　　D. 独立性

2. 变异系数是衡量样本资料______程度的一个统计量。

A. 变异　　B. 同一　　C. 集中　　D. 分布

3. 下列数值属于参数的是______。

A. 总体平均数　　B. 自变量　　C. 依变量　　D. 样本平均数

4. 变数与变数之间的差异程度是______。

A. 随机误差　　B. 错误　　C. 精确性　　D. 准确性

5. 统计量一致性程度的指标是______。

A. 离均差　　B. 标准差　　C. 平均数　　D. 变异系数

6. 下列属于相对离散指标的是______。

A. 变异系数　　B. 标准差　　C. 均方差　　D. 极差

7. 生产过程能力指数Ppk的一般标准是______。

A. 1.33　　B. 1.67　　C. 1　　D. 0.67

8. 比较身高和体重两组数据变异度大小宜采用______。

A. 变异系数　　B. 方差　　C. 极差　　D. 标准差

9. 下面哪一指标较小时可说明用样本均数估计总体均数的可靠性大______。

A. 变异系数　B. 标准差　C. 标准误　D. 极差

10. 表示一组正态分布资料变量值的离散程度，宜选用______。

A. 算术均数　B. 变异系数　C. 几何均数　D. 标准差

11. 表示一组正态分布资料变量值的平均水平，宜选用______。

A. 算术均数　B. 方差　C. 变异系数　D. 标准差

（二）解释名词

（1）参数　（2）统计量　（3）变数　（4）平均数

（5）标准差　（6）变异系数　（7）Cpk 和 Ppk

二、基本技能训练

1. 在某次试验中，用洋地黄溶液分别注入 10 只豚鼠体内，直至动物死亡，将致死量折算至原来洋地黄叶粉的重量，其数据记录为（单位：mg/kg）：

93.7，92.8，105.4，92.6，97.9，98.2，99.0，89.2，99.2，126

利用 Excel 自带函数公式或自编计算公式计算该组数据的均值、标准差和变异系数。

2. 利用 Excel 自带函数公式或自编计算公式填写表 3—2。

表 3—2

试验组别	处理编号								平均数	标准差	变异系数
	1	2	3	4	5	6	7	8			
A组	3.52	3.56	3.41	3.59	4.12	3.87	4.06	4.11			
B组	4.10	4.12	4.08	3.98	3.89	4.05	4.12	4.15			

三、拓展能力训练

1. 根据国家对果汁饮料的规定，果汁饮料中的原汁不低于 10%±0.05，标准差不超过 0.04。某山楂饮料厂质检员对该厂生产的 5 批产品进行检验。在进行产品质量检验中，在同一批产品中随机抽取 10 个样品对其原汁的含量进行检验，其检验的结果如表 3—3 所示。

表 3—3　某山楂饮料厂 5 批山楂饮料原汁含量抽检结果（%）

批号	抽检编号										平均数	标准差
	1	2	3	4	5	6	7	8	9	10		
一	9.6	10.1	10.5	9.5	9.7	9.7	10.4	10.3	9.8	9.9		
二	10.2	10.1	9.6	10.0	10.2	9.6	9.7	10.1	10.3	10.2		
三	9.5	10.5	9.9	9.8	10.1	10.3	10.2	10.4	10.1	9.7		
四	10.1	10.3	10.2	10.4	10.0	9.7	10.2	9.7	10.1	10.3		
五	10.5	9.8	10.2	10.1	10.4	10.5	9.8	9.7	10.1	10.4		

根据表 3—3，以 Excel 为数据分析处理工具完成下列任务：

（1）填写表中的空白，并判断产品是否合格。

（2）假如这 5 批产品出自同一条生产线，请计算该生产线的生产过程能力指数，并根据计算结果对该生产线的生产状况进行评价（生产过程能力指数评价标准取 1.33）。

2. 某片剂按药典的要求其主成分的含量是 5.5 %，正负偏差不大于 0.1 %，下面是某一工作人员的测试过程。

制订的测试方案是：连续随机抽样，抽样分为 3 个子组，每个子组的抽样数为 10 片，然后进行分析检验，其分析检验的结果如表 3—4 所示。

表 3—4　　某片剂主成分含量检验表（%）

组别	组内编号									
	1	2	3	4	5	6	7	8	9	10
组一	5.45	5.51	5.41	5.51	5.46	5.48	5.51	5.6	5.52	5.56
组二	5.61	5.54	5.57	5.47	5.49	5.50	5.60	5.39	5.52	5.51
组三	5.60	5.54	5.56	5.48	5.45	5.51	5.49	5.50	5.60	5.59

（1）请问该工作人员的测试方案有无问题？为什么？

（2）对上表数据进行特征分析，并评价该生产线的生产能力。

任务四　产品分布区间估算

◎ **能力目标**

1. 能利用 Excel 自带统计公式正确地计算变量常见分布的概率。

2. 能利用 Excel 工具栏中的数据分析功能，对试验的数据进行统计描述，并能正确地计算变量（产品）的分布区间。

◎ **知识目标**

1. 了解变量概率分布的基本类型，变量概率和概率分布的统计意义。

2. 理解概率、概率分布和小概率事件的基本内涵；小概率事件的统计意义；不同变量概率分布区间计算方法的选择。

3. 掌握应用 Excel 数据分析工具整理和描述不同类型数据资料的操作方法，并能按要求计算出不同变量分布的概率和分布区间。

◎ **素质要求**

学生要具备用试验数据分析问题和揭示问题内在规律的逻辑思维方法和应用计算机计算变量概率和分布区间的能力。

◎ **任务背景**

某制药厂为了评估最佳温度为 35.8℃发酵的运行状况，在 5 批发酵产品中，质量检验员从每批产品中连续抽取 12 个样本作为一个子组，共计抽取 60 个样品，并分析记录发酵的利用率如表 4—1 所示。

表 4—1　　35.8℃条件下 5 批发酵产品的原料利用率

组别	组内编号											
	1	2	3	4	5	6	7	8	9	10	11	12
第一组	0.529	0.543	0.493	0.559	0.545	0.607	0.577	0.546	0.527	0.557	0.538	0.544
第二组	0.550	0.557	0.534	0.519	0.588	0.532	0.526	0.560	0.545	0.559	0.557	0.550
第三组	0.555	0.559	0.527	0.562	0.544	0.562	0.546	0.530	0.513	0.529	0.517	0.562
第四组	0.541	0.581	0.511	0.551	0.561	0.542	0.557	0.564	0.557	0.539	0.521	0.540
第五组	0.559	0.551	0.565	0.53	0.573	0.549	0.548	0.514	0.525	0.591	0.568	0.537

◎ **工作任务**

根据背景资料表中数据，利用 Excel 完成以下任务：

1. 计算原料利用率小于 0.50、大于 0.55 和介于 0.51 与 0.56 之间的概率分别是多少。

2. 如已知（资料报道）同类发酵工艺原料利用率的总体标准差是 0.06，计算置信度在 95%和 99%时，该发酵工艺的原料利用率分布区间分别是多少。

3. 在同类发酵工艺原料利用率的总体标准差未知的情况下，该发酵工艺的原料利用率分布区间又是多少（置信度 95%）。

◎ **工作步骤**

第一，把记录的数据按一定的要求输入 Excel，计算出抽检样品的总体平均数和标准差；

第二，利用 Excel 自带函数公式“NORMDIST”计算某一变量或变量某一区间点正态分布概率；

第三，利用 Excel 自带函数公式“BINOMDIST”计算某一变量或变量某一区间点的二项式分布概率；

第四，利用 Excel 自带函数公式“CONFIDENCE”，估算总体标准差已知的参数分布区间；

第五，利用 Excel 数据分析工具中的“描述统计”，估算总体标准差未知抽样数据的参数分布区间。

单元一　产品的概率及分布

一、概率概述

（一）事件

在自然界或生产实践中，可以看到多种类型的事件。有一类事件，在同一组条件之下必然要发生，称为必然事件。例如，水在标准大气压下加热到 100℃必然为气体，猪的子代必然为猪，牛的子代必然为牛等。在同一组条件之下必然不发生的，称为不可能事件。例如，水在标准大气压、温度低于 0℃时，不可能呈气体；羊的子代不可能为牛或猪等。另一类事件是在同一组条件之下，可能发生也可能不发生，称为随机事件。例如，向空中抛一枚硬币，落地时可能为国徽一面向上，也可能是币值一面向上；种子埋在地里，可能发芽，也可能不发芽等。

对于随机事件，如果要研究它的规律，必须经过大量的重复观察、调查或试验（是人们欲研究某一问题而从事的一种探索性的工作过程）。从而计算在相同条件下发生这类事件的可能程度。

（二）概率的定义

假定在相似的条件下重复进行同一类试验，调查事件 A 发生的次数 a 与试验总数 n 的比数，称为频率（a/n），在试验次数 n 逐渐增大到无穷时，事件 A 的频率愈来愈稳定地接近定值 P，于是定义事件 A 的概率为 P，记为 $P(\mathrm{A})=p$。这个能够表达事件发生可能性大小的数量指标称为概率。

一般情况下 P 是不可能准确地获得的。因此，便以 n 在充分大时，事件 A 的频率作为该事件的概率——P 的近似值，以上定义称为统计概率。从统计所获得的概率，在生产实践和科学试验中都是非常重要的。

例如，通过大量调查得知，不同断奶期的仔猪成活率有较大差别。因此，根据这一资料，要提高仔猪成活率应选择最佳断奶期。

随机事件的概率表现了事件的客观统计规律，它反映事件在一次试验中发生的可能性大小，概率大表示发生的可能性大，概率小表示发生的可能性小。

由概率的定义可知，事件的概率不可能大于1，因为表示概率的频率分数 a 不可能大于 n；它也不可能小于0，因为 a 绝不可能小于0，在数量上它是介于0和1之间，即 $0\leqslant P(\mathrm{A})\leqslant 1$。$P(\mathrm{A})$ 愈大，事件A就愈容易发生，如 $P(\mathrm{A})$ 接近于1，表示在多数情况下这事件总是发生的；如 $P(\mathrm{A})=1$，这事件是必然事件。相反，$P(\mathrm{A})$ 愈小，表示事件A愈不容易发生，如 $P(\mathrm{A})$ 接近零，说明事件A很难发生，或者说发生的机会非常小，以致实际上可以认为它是不可能的，如果是不可能的事件，则 $P(\mathrm{A})=0$。

二、小概率事件原理

在科学实践中，某事件发生的概率很小，一次试验中很难出现的事件称为小概率事件，现在国际上公认的小概率标准多采用0.05和0.01，但在不同的实际问题上可以规定不同的标准。在统计学上，某事件发生的概率很小，在一次试验中看成是实际不可能发生的事件称为小概率事件。它是统计学上进行假设检验（显著性检验）的基本依据。如果假设了一些条件，在这个假设下正确地计算出事件A的概率很小，但在实际的一次试验中事件A竟然出现了，那么，我们就可以认为这个假设是不正确的，从而否定这个假设。

假设某工厂生产一批新型药物，根据某种理由认为该新型药对人某种病害的治愈率为99%，现做一试验，随机取一定量的新型药对病人进行治疗，结果未能治愈而死亡。由于1%的死亡率通常可认为是小概率，在一次抽样试验中不会发生，而现在竟然发生了，于是我们对该新型药的99%治愈率产生怀疑。

小概率事件实际不可能性原理是统计假设测验的理论基础，在实际应用中多大的概率可以认为是小概率，这在不同的实际问题上可以规定不同的标准，在专业研究和生产上较多采用5%、1%这两个标准。

三、概率分布

（一）随机变量

任何一个随机试验的结果都可用一个变量 x 来表示，这种变量的集合称为随机变量。它可分为离散型随机变量和连续型随机变量。

1. 离散型随机变量

一个随机变量如只能取有限个或无穷个可列值，称为离散型随机变量。例如，对100名患者用某种药物进行治疗，其可能结果是“0人治愈”、“1人治愈”、“2人治愈”、…、“100人治愈”，若用 x 表示治愈人数，则 x 的取值为0、1、2、…、100。又如孵化一枚种蛋可能结果只有两种，即“孵出小鸡”与“未孵出小鸡”，若用变量 x 表示试验的两种结果，则可令 $x=0$ 表示“未孵出小鸡”，$x=1$ 表示“孵出小鸡”。

2. 连续型随机变量

一个随机变量的取值是整个实数轴或者在实数轴上的某些区间，称这些随机变量为连续型随机变量。例如，测定某新生婴儿的体重，表示测定结果的变量 x 所取的值为一个特定范围（a，b），如 3.0～3.5kg，x 值可以是这个范围内的任何实数。

（二）概率分布

概率分布是概率论的基本概念之一。概率分布是用来描述随机变量一系列的可能值及其对应概率的统计术语，是统计学显著性检验的判定基础。

描述不同类型的随机变量有不同的概率分布形式。与随机变量性质相对应的分布是离散型随机变量的概率分布和连续型随机变量的概率分布。常见的离散型随机变量的分布有单点分布、两点分布、二项分布、几何分布和泊松分布等。常见的连续型随机变量的分布有：均匀分布、正态分布、柯西分布、对数正态分布、指数分布、χ^2 分布、t 分布（学生分布）和 F 分布等，其中最为重要和常用的是正态分布。

（三）正态分布

正态分布是一种重要的连续型随机变量的概率分布。在生物现象中有许多变量是服从或近似服从正态分布的。许多统计分析方法都是以正态分布为基础的。

1. 正态分布

正态分布是以具有两个参数 μ 和 σ^2 的连续型随机变量 x 为 x 轴和对应的概率 $f_{N(x)}$ 为 y 轴的一种函数分布。其中 μ 是服从正态分布随机变量的均值，σ^2 是此随机变量的方差，所以正态分布记作 $N(\mu, \sigma^2)$。

2. 正态分布函数与分布图

设连续型随机变量 x 的概率密度函数为：

$$f(x) = \frac{1}{\sigma\sqrt{2\pi}}e^{-\frac{(x-\mu)^2}{2\sigma^2}} \tag{4—1}$$

其中，μ 为平均值，σ^2 为方差。则连续型随机变量 x 服从正态分布，记为 x—$N(\mu、\sigma^2)$，正态分布的概率密度曲线如图 4—1 所示。

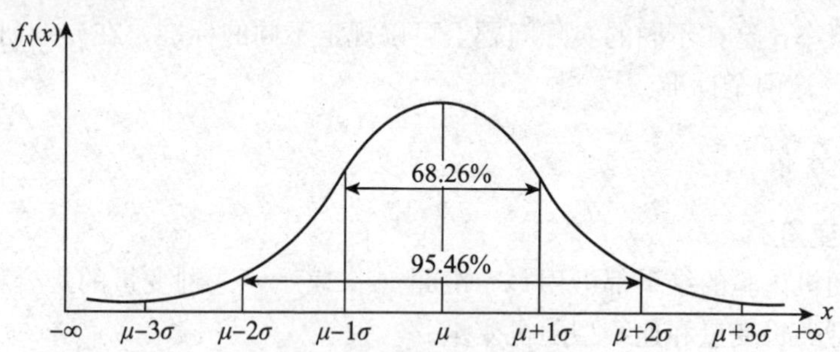

图 4—1 正态分布曲线图

（算术平均数为 μ，标准差为 σ）

3. 正态分布的密度函数的基本特点

关于 μ 对称，在 μ 处达到最大值，在正（负）无穷远处取值为 0，在 $\mu\pm\sigma$ 处有拐点。它的形状是中间高两边低，图像是一条位于 x 轴上方的钟形曲线。

4. 正态分布的统计学意义

正态分布图是理解依据“小概率事件原理”做出显著性检验判断、单双尾检验判断和显著性检验判断的直观图解，如图 4—2 所示。

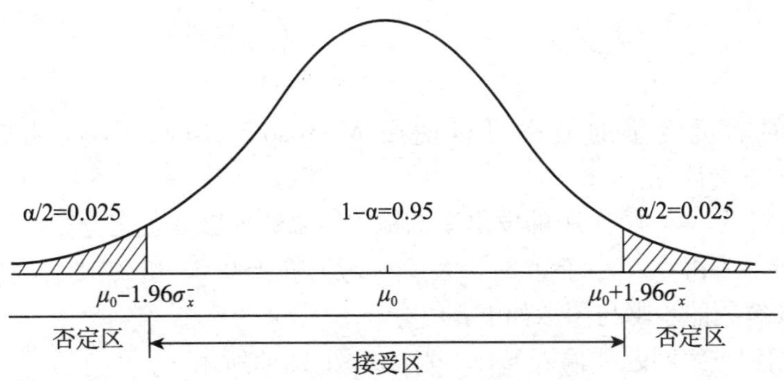

图 4—2 假设检验的拒绝域或接受域

（四）标准正态分布

由正态分布的定义可知，μ 和 σ^2 是正态分布的两个重要参数。当 $\mu=0$，$\sigma^2=1$ 时的正态分布为标准正态分布或 μ 分布：记作 $N(0,1)$。标准正态分布的概率密度函数为：

$$\varphi(x)=\frac{1}{\sqrt{2\pi}}e^{-\frac{x^2}{2}} \tag{4—2}$$

标准正态分布的概率密度曲线如图 4—3 所示。

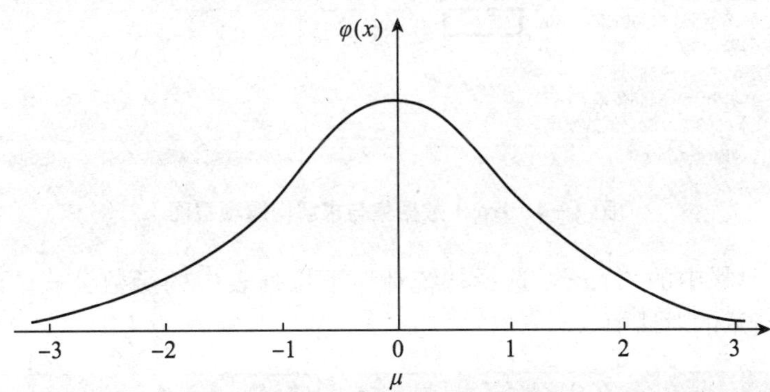

图 4—3 标准正态分布的概率密度曲线图

单元二 产品分布概率的计算

不同的随机变量具有不同的分布形式，其概率的计算公式也不相同，但计算的公式都比较复杂，用手工计算较为麻烦，在计算机普及的今天，我们不再使用此方法，而是直接使用 Microsoft Office Excel 自带函数公式进行计算。

一、正态分布的概率计算

若随机变量 x 服从正态分布 $N(\mu,\delta^2)$，x 落入任意区间 (x_1,x_2) 的概率，记作 $P(x_1\leqslant x\leqslant x_2)$，等于由直线 $x=x_1$、$x=x_2$、x 轴和正态分布曲线所围成曲边梯形的面积，即：

$$P(x_1 \leqslant x \leqslant x_2) = \frac{1}{\sigma\sqrt{2\pi}}\int_{x_1}^{x_2} e^{-\frac{(x-\mu)^2}{2\sigma^2}}\mathrm{d}x \qquad (4\text{—}3)$$

正态分布的随机变量的概率可以使用 Microsoft Office Excel 自带的函数公式“NORMDIST”进行计算。

例 4.1 经检验，表 4—1 中的发酵率抽检的结果数据服从正态分布，根据工作任务中给出的条件，计算发酵率 x 小于 0.54，大于 0.57，介于 0.53 和 0.58 之间的概率。

利用 Excel 解题的步骤与图示如下：

(1) 将数据和求解问题项输入 Excel 表，如图 4—4 所示。

组别	抽样编号											
	1	2	3	4	5	6	7	8	9	10	11	12
第一组	0.529	0.543	0.493	0.559	0.545	0.607	0.577	0.546	0.527	0.557	0.538	0.54
第二组	0.55	0.557	0.534	0.519	0.588	0.532	0.526	0.56	0.545	0.559	0.557	0.5
第三组	0.555	0.559	0.527	0.562	0.544	0.562	0.546	0.53	0.513	0.529	0.517	0.56
第四组	0.541	0.581	0.511	0.551	0.561	0.542	0.557	0.564	0.557	0.539	0.521	0.5
第五组	0.559	0.551	0.565	0.53	0.573	0.549	0.548	0.514	0.525	0.591	0.568	0.53
抽检样品的平均数				0.54705								
抽检样品的标准差				0.02091								
发酵率小于0.54的概率												
发酵率大于0.57的概率												
发酵率小于0.53的概率												
发酵率小于0.58的概率												
发酵率介于0.53与0.58之间的概率												

图 4—4 Excel 数据集与求解问题项截图

(2) 点击工具栏中的“fx”，选择“统计”下拉列表中的函数公式“NORMDIST”，即出现图 4—5 所示的对话框。

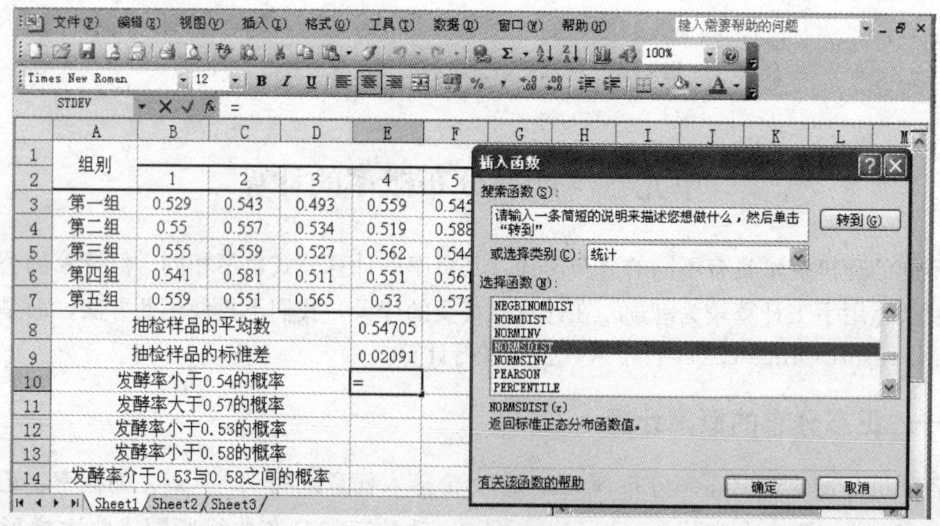

图 4—5 “插入函数”对话框

（3）鼠标点击图 4—5 所示的“函数公式”对话框中的“确定”按钮，即出现如图 4—6 所示的对话框。

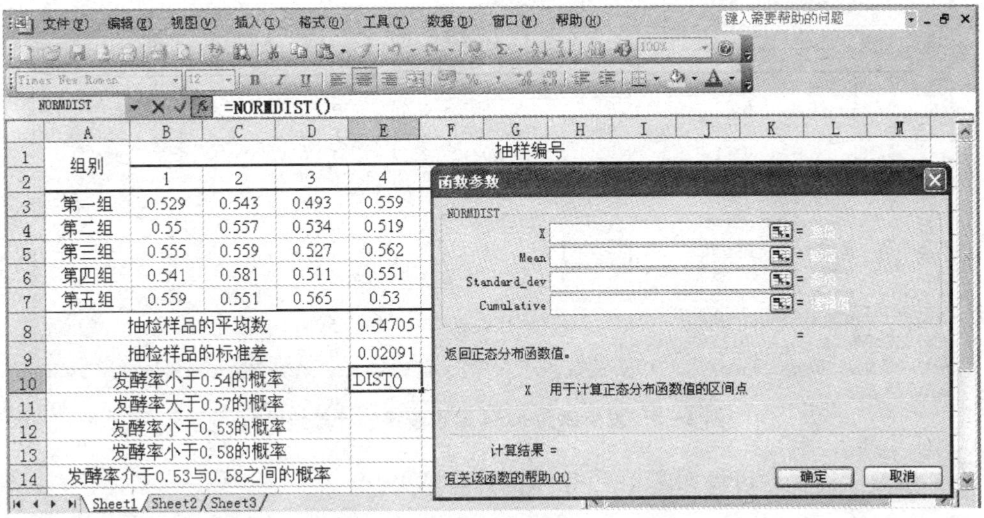

图 4—6　变量累积函数“NORMDIST”的参数对话框Ⅰ

（4）按图 4—6 所示变量累积函数“NORMDIST”的参数对话框的提示要求选取数据格或填入数据，如图 4—7 所示。其中“X”是变数，在其后的输入框内填入要求解的数字“0.54”；“Mean”是抽检样本的平均数；“Standard _ dev”是抽检样本的标准差；“Cumulative”为一逻辑值，在其后的输入框中填入“TRUE”，计算结果为从 $-\infty$ 到要求计算变量点 x 之间的概率值。

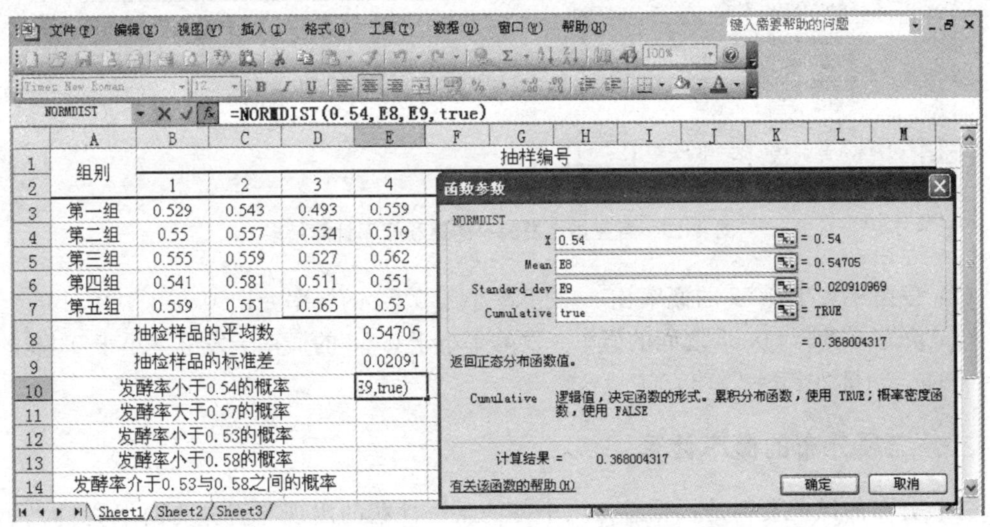

图 4—7　变量累积函数“NORMDIST”的参数对话框Ⅱ

（5）鼠标点击图 4—7 所示对话框中的“确定”按钮，即得 0.54 的累积概率，如图 4—8 所示。

E10 =NORMDIST(0.54,E8,E9,TRUE)

	A	B	C	D	E	F	G	H	I	J	K	L	M
1	组别	抽样编号											
2		1	2	3	4	5	6	7	8	9	10	11	12
3	第一组	0.529	0.543	0.493	0.559	0.545	0.607	0.577	0.546	0.527	0.557	0.538	0.544
4	第二组	0.55	0.557	0.534	0.519	0.588	0.532	0.526	0.56	0.545	0.559	0.557	0.55
5	第三组	0.555	0.559	0.527	0.562	0.544	0.562	0.546	0.53	0.513	0.529	0.517	0.562
6	第四组	0.541	0.581	0.511	0.551	0.561	0.542	0.557	0.564	0.557	0.539	0.521	0.54
7	第五组	0.559	0.551	0.565	0.53	0.573	0.549	0.548	0.514	0.525	0.591	0.568	0.537
8	抽检样品的平均数				0.54705								
9	抽检样品的标准差				0.02091								
10	发酵率小于0.54的概率				0.368								
11	发酵率大于0.57的概率												
12	发酵率小于0.53的概率												
13	发酵率小于0.58的概率												
14	发酵率介于0.53与0.58之间的概率												

图 4—8　发酵率为 0.54 累积概率的计算结果

(6) 重复上述操作可得如图 4—9 所示的计算结果。

E14

	A	B	C	D	E	F	G	H	I	J	K	L	M
1	组别	抽样编号											
2		1	2	3	4	5	6	7	8	9	10	11	12
3	第一组	0.529	0.543	0.493	0.559	0.545	0.607	0.577	0.546	0.527	0.557	0.538	0.544
4	第二组	0.55	0.557	0.534	0.519	0.588	0.532	0.526	0.56	0.545	0.559	0.557	0.55
5	第三组	0.555	0.559	0.527	0.562	0.544	0.562	0.546	0.53	0.513	0.529	0.517	0.562
6	第四组	0.541	0.581	0.511	0.551	0.561	0.542	0.557	0.564	0.557	0.539	0.521	0.54
7	第五组	0.559	0.551	0.565	0.53	0.573	0.549	0.548	0.514	0.525	0.591	0.568	0.537
8	抽检样品的平均数				0.54705								
9	抽检样品的标准差				0.02091								
10	发酵率小于0.54的概率				0.368								
11	发酵率小于0.57的概率				0.86379								
12	发酵率小于0.53的概率				0.20743								
13	发酵率小于0.58的概率				0.94246								
14	发酵率介于0.53与0.58之间的概率												

图 4—9　各变量点发酵率的累积概率计算结果

(7) 发酵率大于 0.57 的概率＝1－发酵率小于 0.57 的概率＝1－0.863 8＝0.136 2。

(8) 介于 0.53 与 0.58 之间的概率＝发酵率小于 0.58 的概率－发酵率小于 0.53 的概率＝0.942 5－0.207 4＝0.735。

二、二项分布的概率计算

二项分布的试验资料是根据总体内个体的某一性状的出现与否分为两组资料。如果以 P 代表事件出现的概率，以 $q=1-P$ 代表事件未出现的概率，且在 n 次重复的独立试验中，事件 A 在每次试验中均有相同的概率 P，则这一事件 A 在 n 次试验中出现 x 次的概率为：

$$P(x) = C_n^x p^x q^{n-x} \tag{4—4}$$

二项分布的随机变量的概率可以使用 Microsoft Office Excel 自带的函数公式“BINOMDIST”进行计算。

例 4.2 在片剂药品的分类指标光洁度检验中，如果 85%（$P=0.85$）的产品是优等品，那么每次抽 10 个产品进行检验，检到 4 个优等品、8 个优等品和 9 个优等品的概率分别是多少？

利用 Excel 自带的函数公式“BINOMDIST”的解题步骤和正态分布变量求解步骤相同。操作步骤如下：

（1）输入数据到 Microsoft Office Excel。

（2）选择工具栏“fx”中的函数公式“BINOMDIST”。

（3）按“函数参数”对话框提示要求，填写各项对话框内容，其中，“Cumulative”栏为逻辑值，指明函数的形式，在此栏输入“FALSE”，计算结果为要求计算的变量点 x 的概率值。

（4）点击“确定”按钮，即出现结果。

以上操作演示过程略，计算结果如图 4—10 所示。

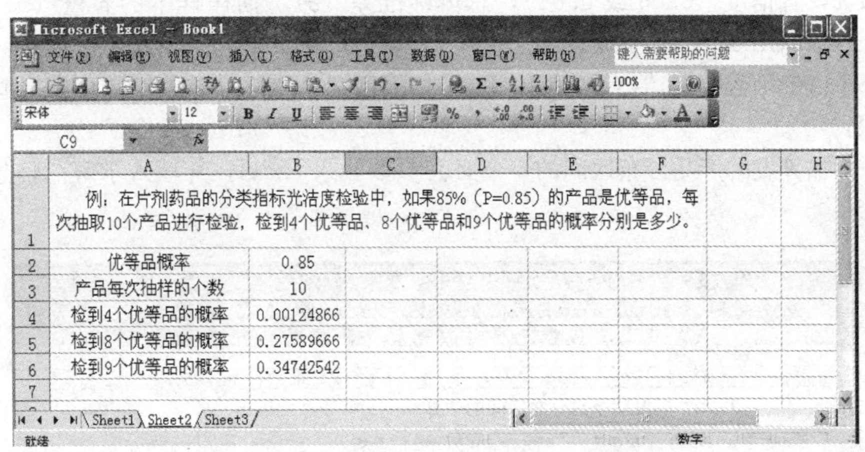

	A	B
1	例：在片剂药品的分类指标光洁度检验中，如果85%（P=0.85）的产品是优等品，每次抽取10个产品进行检验，检到4个优等品、8个优等品和9个优等品的概率分别是多少。	
2	优等品概率	0.85
3	产品每次抽样的个数	10
4	检到4个优等品的概率	0.00124866
5	检到8个优等品的概率	0.27589666
6	检到9个优等品的概率	0.34742542

图 4—10 发酵率为 0.54 累积概率的计算结果

单元三 产品分布区间估算

通过上两个单元的学习，我们知道可利用数据资料的特征数对试验数据进行初步的统计分析，从而对试验的结果进行初步的判断和推论。如果某一变量集合服从正态分布，$x—N(\mu、\sigma^2)$，我们同样可以利用统计变量和特征数对总体参数特定置信度条件下分布区间的上下限（可简单地理解为，在一定可信度条件下，一个总体变数集合的极小值与极大值）进行估计。现以表 4—1 在 35.8℃条件下 5 批发酵产品的原料利用率的数据为例，介绍正态分布的区间估算。如果在 35.8℃条件下 5 批发酵产品的原料利用率呈正态分布，我们就可对这 5 批发酵产品的原料利用率的上下限（极大值和极小值）进行估算。

一、σ^2 已知时，小样本总体均值 μ 的区间估计

总体标准（偏）差已知时，总体均值 μ 的区间估计的计算公式如下：

$$\bar{x}-\mu_{\alpha}\times\frac{\sigma}{\sqrt{n}}\leqslant\mu\leqslant\bar{x}+\mu_{\alpha}\times\frac{\sigma}{\sqrt{n}} \qquad (4—5)$$

其中，μ 为总体平均数，σ 为总体标准差，μ_{α} 为可信区间度，通常有 $\mu_{0.05}$ 和 $\mu_{0.01}$ 两种。

我们可利用 Microsoft Office Excel 自带函数公式“CONFIDENCE”，对已知总体标准差的参数区间进行估算。计算公式如下：

$$\bar{\kappa}-\text{CONFIDENCE}\geqslant\mu\geqslant\bar{\kappa}+\text{CONFIDENCE} \qquad (4—6)$$

例 4.3　经检验，表 4—5 中的发酵率抽检的结果数据服从正态分布，如已知（资料报道）同类发酵工艺原料利用率的总体标准差是 0.06，计算置信度在 95%和 99%时，该发酵工艺的原料利用率分布区间分别是多少?

解： 根据公式 4—5 可知，变量（发酵利用率）的区间估算只需要 4 个参数，即样本平均数 $\bar{x}$，置信度（0.05 或 0.01），总体标准差（σ），抽样样本的容量（n）。同样，利用 Microsoft Office Excel 自带函数公式“CONFIDENCE”也需要这 4 个参数。下面是利用 Excel 自带函数公式“CONFIDENCE”估算已知总体标准差的参数分布区间的具体操作步骤：

（1）把估算发酵产品分布区间的 4 个必需参数输入 Excel，并填入求解的信息，如图 4—11 所示。

	A	B	C	D	E	F	G	H	I	J
1		35.8℃时发酵产品分布区间的估算								
2	平均数	0.54705	样本容量	60	总体标准差	0.06				
3	置度	0.05	0.01							
4	误差值									
5	置度为95%的分布区间				置度为99%的分布区间					
6	上限		下限		上限		下限			
7										

图 4—11　求解问题所需的参数数据集与求解问题项

（2）点击工具栏中的“fx”，选择“统计”下拉列表中的函数公式“CONFIDENCE”，即出现图 4—12 所示的对话框。

（3）点击图 4—12“插入函数”对话框中的“确定”按钮，出现图 4—13 所示“函数参数”对话框。

（4）根据图 4—13“函数参数”对话框的提示，在每个选择项后填入相应的数字或单元格，结果如图 4—14 所示。

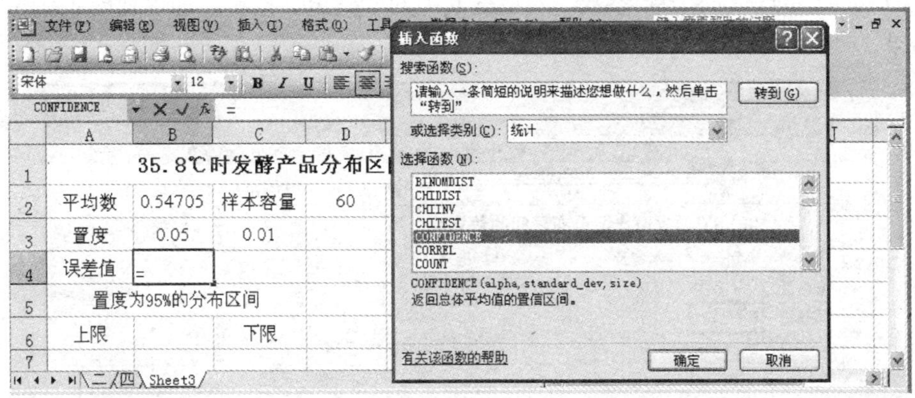

图 4—12 “插入函数”对话框

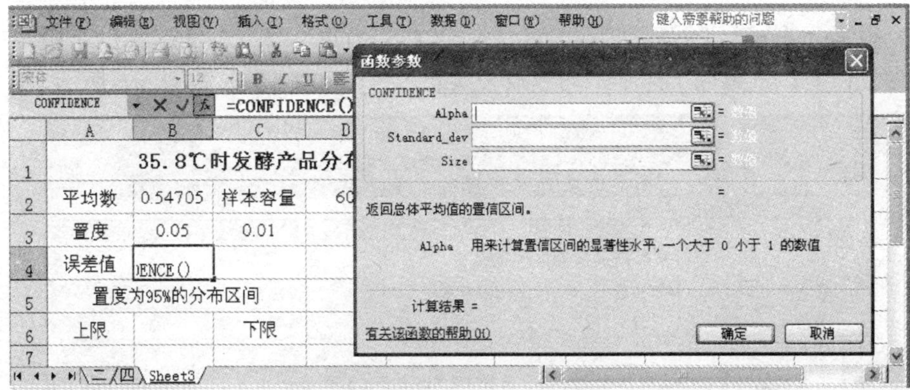

图 4—13 “函数参数”对话框Ⅰ

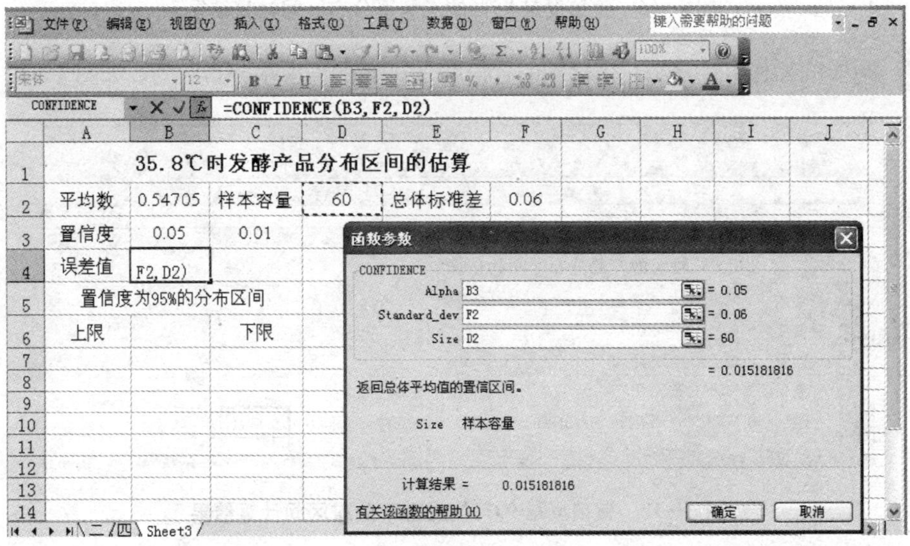

图 4—14 “函数参数”对话框Ⅱ

（5）点击图 4—14“函数参数”对话框Ⅱ中的“确定”按钮，即出现图 4—15 所示的计算结果。

B4 =CONFIDENCE(B3,F2,D2)

	A	B	C	D	E	F	G	H
1		35.8℃时发酵产品分布区间的估算						
2	平均数	0.54705	样本容量	60	总体标准差	0.06		
3	置信度	0.05	0.01					
4	误差值	0.015182						
5	置信度为95%的分布区间				置信度为99%的分布区间			
6	上限		下限		上限		下限	

图 4—15　置信度是 95%的发酵率分布区间误差值

（6）根据公式 $\bar{\kappa}+\mathrm{CONFIDENCE}\geqslant\mu\geqslant\bar{\kappa}-\mathrm{CONFIDENCE}$（分布区间的上限等于样本平均数加上误差，下限等于样本平均数减去误差），计算的结果如图 4—16 所示。

D6 =B2-B4

	A	B	C	D	E	F	G	H
1		35.8℃时发酵产品分布区间的估算						
2	平均数	0.54705	样本容量	60	总体标准差	0.06		
3	置信度	0.05	0.01					
4	误差值	0.015182						
5	置信度为95%的分布区间				置信度为99%的分布区间			
6	上限	0.562232	下限	0.531868	上限		下限	

图 4—16　置信度是 95%的发酵率分布区间计算结果

（7）同样的操作可计算出总体已知的置信度是 99%的发酵率分布区间，如图 4—17 所示。

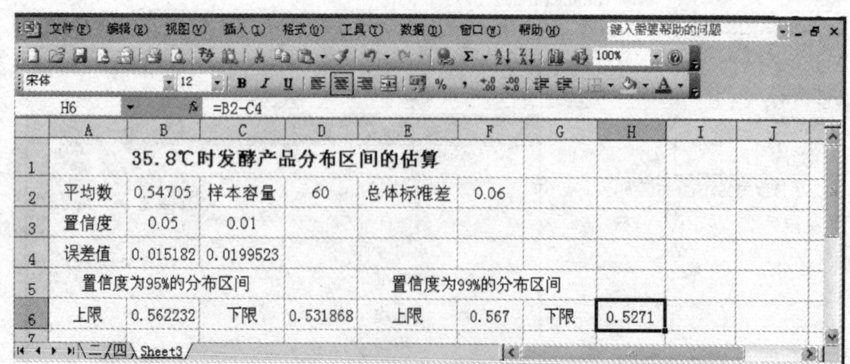

H6 =B2-C4

	A	B	C	D	E	F	G	H
1		35.8℃时发酵产品分布区间的估算						
2	平均数	0.54705	样本容量	60	总体标准差	0.06		
3	置信度	0.05	0.01					
4	误差值	0.015182	0.0199523					
5	置信度为95%的分布区间				置信度为99%的分布区间			
6	上限	0.562232	下限	0.531868	上限	0.567	下限	0.5271

图 4—17　置信度是 99%的发酵率分布区间计算结果

（8）置信度是 95%的发酵率分布区间：$0.562\geqslant\mu\geqslant0.532$。

（9）置信度是 99%的发酵率分布区间：$0.567\geqslant\mu\geqslant0.527$。

通过产品分布区间的估算结果，可以对生产过程的运行状况作出一定的判断。如果规定超出规定范围产品为不合格产品，通过区间分布估算可预测生产产品的合格率。如本例中，产品的分布区间的结果显示现行的发酵生产状况不容乐观，因为抽检的 60 个样本中，超出 99%置信区间的样本有 16 个，占全部抽样的 26.67%，其中低于下限的有 9 个，占全部抽样的 15.00%；大于上限的有 7 个，占全部抽样的 11.67%。这说明发酵生产中存在着质量隐患，发酵率低于常规标准的概率是 26.67%。

二、σ^2 未知时，总体均值 μ 的区间估计

总体标准（偏）差未知时，总体均值 μ 的区间估计的计算公式如下：

$$\bar{x}-\mu_\alpha\times\frac{s}{\sqrt{n}}\leqslant\mu\leqslant\bar{x}+\mu_\alpha\times\frac{s}{\sqrt{n}} \qquad (4—7)$$

其中，μ 为总体平均数，s 为总体标准差，μ_α 为可信区间度，通常有 $\mu_{0.05}$ 和 $\mu_{0.01}$ 两种。

我们可利用 Microsoft Office Excel 工具栏“数据分析”中的“描述统计”，对参数区间进行估算。

现以表 4—1 中的发酵率抽检的结果数据中的第一组数据为例，演示总体标准差未知情况下，利用 Excel 工具栏“数据分析”中的“描述统计”估算一组数据置信度分别是 95%和 99%的正态分布区间的操作过程。

（1）把表 4—1 中的第一组数据输入 Excel，如图 4—18 所示。

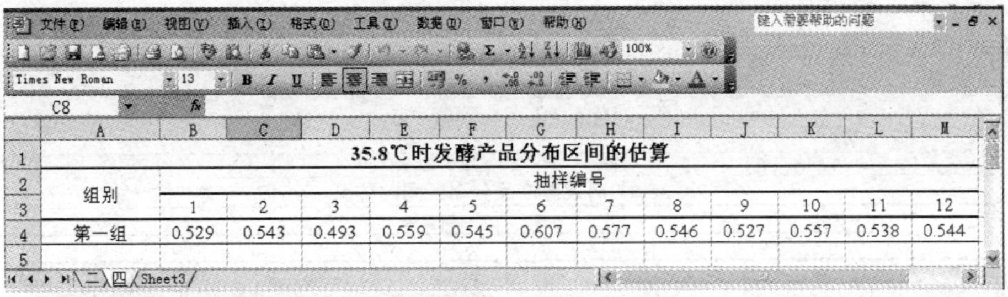

图 4—18 求解数据集

（2）用鼠标点击工具栏中的“工具”按钮，即出现图 4—19 所示的下拉列表。

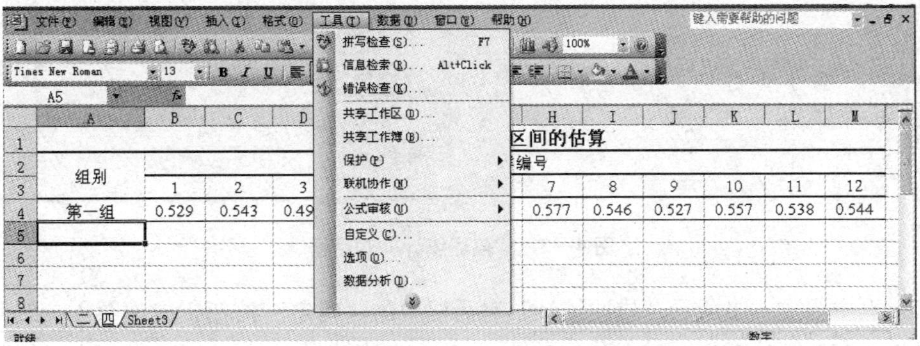

图 4—19 工具栏“工具”下拉列表

(3) 点击图 4—19 所示工具栏“工具”下拉列表中的“数据分析”选项，并在“数据分析”对话框中选择“描述统计”，如图 4—20 所示。

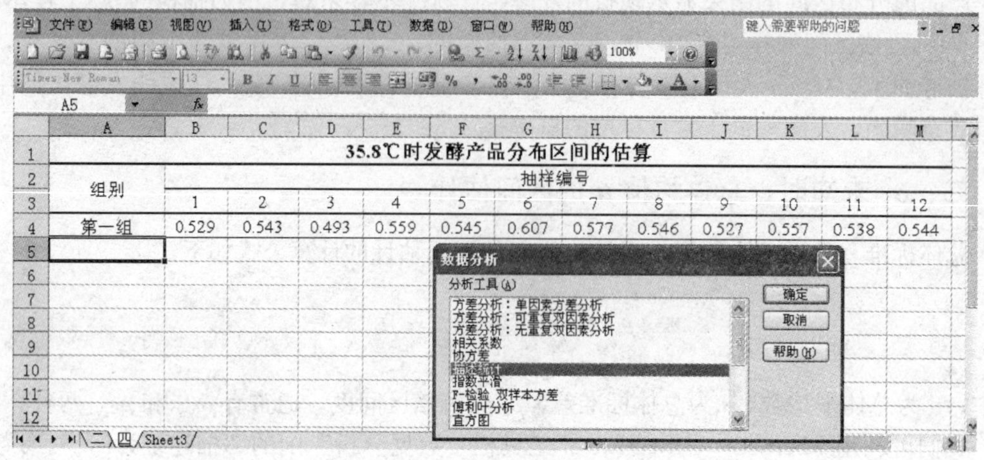

图 4—20 “数据分析”对话框

(4) 点击图 4—20 所示“数据分析”对话框中的“确定”按钮，出现“描述统计”对话框，根据对话框的提示要求填入适当的数据或单元格。在“分组方式”后选择“逐行”，“汇总统计”前面的选择框中打“√”，“平均数置信度”前的选择框中打“√”并选择“95”，最后确定“输出区域”。本例的输出区域选择的是“A5”单元格，如图 4—21 所示。

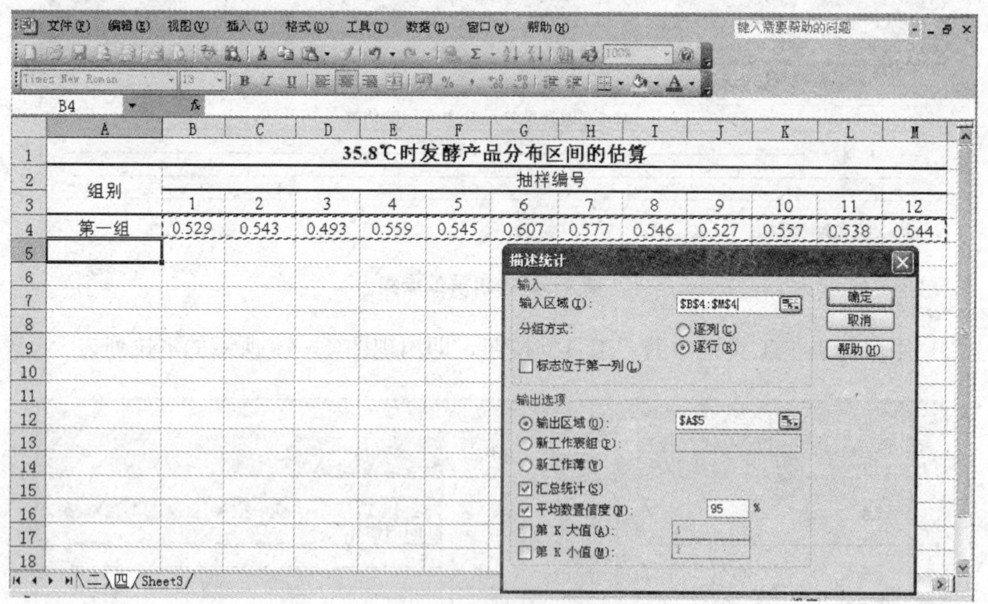

图 4—21 “描述统计”对话框

(5) 点击图 4—21 所示“描述统计”对话框中的“确定”按钮，出现图 4—22 所示的统计结果。在估算分布区间时，我们要用到描述统计结果中的两个参数，其一是“平均数”(0.547)，其二是“置信度 (95.0%)”(0.017 7)。

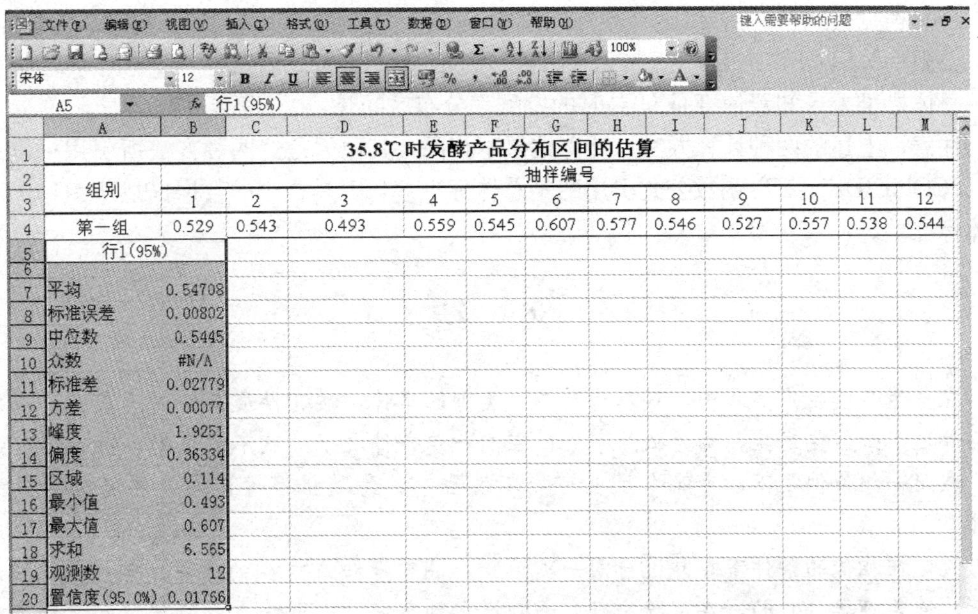

35.8℃时发酵产品分布区间的估算

组别	抽样编号											
	1	2	3	4	5	6	7	8	9	10	11	12
第一组	0.529	0.543	0.493	0.559	0.545	0.607	0.577	0.546	0.527	0.557	0.538	0.544

行1(95%)	
平均	0.54708
标准误差	0.00802
中位数	0.5445
众数	#N/A
标准差	0.02779
方差	0.00077
峰度	1.9251
偏度	0.36334
区域	0.114
最小值	0.493
最大值	0.607
求和	6.565
观测数	12
置信度(95.0%)	0.01766

图 4—22　置信度为 95%的“描述统计”结果

（6）根据公式：$\bar{\kappa}$+置信度（95%）值 $\geqslant\mu\geqslant\bar{\kappa}$−置信度（95%）值，得：

上限＝0.547＋0.017 6＝0.564 7；下限＝0.547－0.017 6＝0.529 4

总体标准差未知置信度是 95%时的发酵率分布区间是：0.564 7$\geqslant\mu\geqslant$0.529 4。

（7）总体标准差未知置信度是 99%的发酵率分布区间的操作过程与以上相同，只是把图 4—21 所示“描述统计”对话框中的置信度由 95%改为 99%。计算的结果如图 4—23 所示。

35.8℃时发酵产品分布区间的估算

组别	抽样编号											
	1	2	3	4	5	6	7	8	9	10	11	12
第一组	0.529	0.543	0.493	0.559	0.545	0.607	0.577	0.546	0.527	0.557	0.538	0.544

行1(95%)		行1(99%)	
平均	0.54708	平均	0.5471
标准误差	0.00802	标准误差	0.008
中位数	0.5445	中位数	0.5445
众数	#N/A	众数	#N/A
标准差	0.02779	标准差	0.0278
方差	0.00077	方差	0.0008
峰度	1.9251	峰度	1.9251
偏度	0.36334	偏度	0.3633
区域	0.114	区域	0.114
最小值	0.493	最小值	0.493
最大值	0.607	最大值	0.607
求和	6.565	求和	6.565
观测数	12	观测数	12
置信度(95.0%)	0.01766	置信度(99.0%)	0.0249

图 4—23　置信度为 99%的“描述统计”结果

(8) 根据公式：$\bar{\kappa}$+置信度（99%）值 $\geqslant\mu\geqslant\bar{\kappa}$−置信度（99%）值，得：

上限＝0.547＋0.024 9＝0.572；下限＝0.547－0.024 9＝0.522

总体标准差未知置信度是99%时的发酵率分布区间是：0.572$\geqslant\mu\geqslant$0.522。

注意，上述的两种计算方法，计算结果不相同，其原因是这两种方法所引用标准差不同。“CONFIDENCE”函数公式引用的是总体标准差，工具栏中的数据描述所引用的不是总体标准差。

小　结

在自然界或生产实践中，可以看到多种类型的事件，按其性质可分为三大类：在同一组条件之下必然要发生，称为必然事件；在同一组条件之下必然不发生的，称为不可能事件；在同一组条件之下，可能发生也可能不发生，称为随机事件。统计学研究的是随机事件。

假定在相似的条件下重复进行同一类试验，调查事件A发生的次数 a 与试验总数 n 的比数，称为频率（a/n），在试验次数 n 逐渐增大到无穷时，事件A的频率愈来愈稳定地接近定值 P，于是定义事件A的概率为 P，记为 $P(\mathrm{A})=p$。这个能够表达事件发生可能性大小的数量指标称为概率。它反映事件在一次试验中发生的可能性大小，概率大表示发生的可能性大，概率小表示发生的可能性小。事件的概率在数量上介于0和1之间，即 $0\leqslant P(\mathrm{A})\leqslant 1$。$P(\mathrm{A})$ 愈大，事件A就愈容易发生，如 $P(\mathrm{A})$ 接近于1，表示在多数情况下这事件总是发生的，如 $P(\mathrm{A})=1$，这事件是必然事件。相反，$P(\mathrm{A})$ 愈小，表示事件A愈不容易发生，如 $P(\mathrm{A})$ 接近零，说明事件A很难发生，或者说发生的机会非常小，以致实际上可以认为它是不可能的，如果是不可能的事件，则 $P(\mathrm{A})=0$。

事件发生的概率很小的事件叫小概率事件，在专业研究和生产上较多采用5%、1%这两个标准。在统计学上，某事件发生的概率很小，在一次试验中看成是实际不可能发生的事件称为小概率事件，亦称为小概率事件原理。它是统计学上进行假设检验（显著性检验）的基本依据。如果假设了一些条件，在这个假设下正确地计算出事件A的概率很小，但在实际的一次试验中事件A竟然出现了，那么，我们就可以认为这个假设是不正确的，从而否定这个假设。

任何一个随机试验的结果都可用一个变量 x 来表示，这种变量的集合称为随机变量。它可分为离散型随机变量和连续型随机变量。一个随机变量如只能取有限个或无穷个可列值，称为离散型随机变量。一个随机变量的取值是整个实数轴或者在实数轴上的某些区间，称这些随机变量为连续型随机变量。

概率分布是概率论的基本概念之一。概率分布是用来描述随机变量一系列的可能值及其对应概率的统计术语，是统计学显著性检验的判定基础之一。描述不同类型的随机变量有不同的概率分布形式。与随机变量性质相对应的分布是离散型随机变量的概率分布和连续型随机变量的概率分布。常见的离散型随机变量的分布有单点分布、两点分布、二项分布、几何分布和泊松分布等。常见的连续型随机变量的分布有：均匀分布、正态分布、柯西分布、对数正态分布、指数分布、χ^2 分布、t 分布（学生分布）和 F 分布等，其中最为重要和常用的是正态分布。

正态分布是以 μ 和 σ^2 的连续型随机变量 x 为 x 轴和其对应的概率 $f_{N(x)}$ 为 y 轴之间的一种函数分布图。其中 μ 是服从正态分布随机变量的均值，σ^2 是此随机变量的方差，所以正态分布记作 $N(\mu, \sigma^2)$。其中 μ 为平均值，σ^2 为方差。它是理解依据“小概率事件原理”做出显著性检验判断、单双尾检验的判断和显著性检验判断的直观图解。当正态分布的 $\mu=0$，$\sigma^2=1$ 时称为标准正态分布或 μ 分布：记作 $N(0, 1)$。

不同的随机变量具有不同的分布形式，其概率的计算公式也不相同，但计算的公式都比较复杂，用手工计算较为麻烦，而使用 Microsoft Office Excel 自带函数公式进行计算则较方便。正态分布的函数公式是“NORMDIST”，二项分布的函数公式是“BINOMDIST”。

利用 Microsoft Office Excel 自带函数公式“CONFIDENCE”，估算已知总体标准差的参数区间。利用 Microsoft Office Excel 工具栏“数据分析”中的“描述统计”估算未知总体标准参数区间。

课后训练

一、基础知识练习（单项选择）

1. 统计学研究的事件属于______事件。

A. 不可能事件　　B. 必然事件
C. 小概率事件　　D. 随机事件

2. 在正态分布图中，y 轴是概率，x 轴是______。

A. 平均数　　B. 标准差
C. 标准误　　D. 平均数与标准差

3. 在专业研究和生产上较多采用的两个标准是______。

A. 0.5 和 0.1　　B. 0.05 和 0.01
C. 0.15 和 0.10　　D. 0.005 和 0.001

4. 下列哪个不属于连续型随机变量的概率分布______。

A. 正态分布　　B. χ^2 分布
C. 二项分布　　D. t 分布

5. 标准正态分布或 μ 分布的统计标记是______。

A. $N(\mu, \sigma^2)$　　B. $N(0, 1)$　　C. $N(\mu, \sigma)$　　D. $N(1, 0)$

6. 总体率 95%置信区间的意义是______。

A. 95%的正常值在此范围　　B. 95%的样本率在此范围
C. 95%的总体率在此范围　　D. 总体率在此范围内的可能性为 95%

7. 用均数与标准差可全面描述资料的分布特征______。

A. 正态分布和近似正态分布　　B. 正偏态分布
C. 负偏态分布　　D. 任意分布

8. 随机事件的概率为______。

A. $P=1$　　B. $P=0$　　C. $P=-0.5$　　D. $0\leqslant P\leqslant 1$

二、基本技能训练（利用 Excel 自带函数公式或自编计算公式完成下列练习题）

1. 逍遥丸崩解时间服从正态分布，从同一批号随机抽取 5 丸做崩解试验，测得崩解时间分别为（单位：min）：21，18，20，16，15。求该批药丸崩解时间总体均值（置信度为 99%）的置信区间。

2. 在一批中成药片中，随机抽取 25 片检查，称得平均片重 0.5g，标准差为 0.08g。如果已知药片的重量服从正态分布，利用 Excel 自带函数公式计算该药片平均片重的置信度为 99%的区间。

3. 从一批消毒片中，随机抽出 100 片，测出其平均溶解时间为 1.5min，标准差为 0.2min，求该批消毒片溶解时间的总体平均数 95%的置信区间。

4. 从同一批号阿司匹林中随机抽取，测定其溶解 50%所需时间（单位：min)，测定结果如下：

5.3，5.2，3.8，4.7，5.8，6.5，4.4，5.6，6.0，6.8

设溶解时间服从正态分布，求其总体方差的 90%的置信区间。

三、能力拓展训练

1. 某山楂饮料厂质检员对该厂生产的产品分 5 组进行检验。在进行产品质量检验中，在同一组产品中随机抽取 10 个样品对其原汁的含量进行检验，其检验的结果如表 4—2 所示。

表 4—2　　某山楂饮料厂 5 批山楂饮料原汁含量抽检结果（%）

批号	抽检编号									
	1	2	3	4	5	6	7	8	9	10
一	10.2	10.1	9.6	9.5	10.5	9.6	9.7	10.1	10.3	10.2
二	9.6	9.5	10.5	9.6	9.7	10.1	10.4	10.3	9.8	9.9
三	10.5	9.6	9.7	10.1	10.4	10.5	9.6	9.7	10.1	10.4
四	9.5	10.5	9.6	9.7	10.1	10.3	10.2	10.4	10.0	9.7
五	10.1	10.3	10.2	10.4	10.0	9.7	9.6	9.7	10.1	10.3

请根据表 4—2，以 Excel 为数据分析处理工具做如下计算：

(1) 计算山楂饮料中原汁含量小于 10%、大于 9.7 %，以及介于 9.8%～10.5%的概率分别是多少。

(2) 根据国家质量规范的要求山楂饮料中原汁含量的总体标准差是 0.15，计算置信度在 95%和 99%时，山楂饮料中原汁含量的分布区间分别是多少。

(3) 在山楂饮料中原汁含量的总体标准差未知情况下，山楂饮料中原汁含量的分布区间又是多少（置信度 95%）。

2. 某研究人员在连南瑶族调查时测得的 110 名 7 岁学生身高的数据资料如表 4—3 所示。

表 4—3　　连南瑶族 7 岁学生身高数据资料表　　（单位：cm）

115	116	123	124	112	117	108	120	117	119	123
115	119	119	121	111	113	111	113	119	118	114
112	112	124	125	118	122	118	127	119	119	121

续前表

129	114	111	110	113	123	123	126	123	110	123
115	114	117	118	123	123	112	120	118	120	115
124	111	114	114	115	112	116	113	117	115	118
113	118	117	113	120	116	120	117	117	113	116
112	117	120	125	116	118	115	111	123	117	114
121	117	118	113	122	115	114	123	120	124	118

请根据表 4—3，以 Excel 为数据分析处理工具做如下计算：

(1) 计算连南瑶族 7 岁学生身高小于 112cm、大于 120cm 和介于 117cm 与 118cm 之间的概率分别是多少。

(2) 如已知（资料报道）7 岁儿童身高的总体标准差是 3.6cm，计算置信度在 95%和 99%时，连南瑶族 7 岁学生身高的分布区间分别是多少。

(3) 在 7 岁儿童身高的总体标准差未知情况下，连南瑶族 7 岁学生身高的分布区间又是多少（置信度 95%）。

项目二

生产工艺参数的选择与调整

项目导读

生产技术员与管理员的基本岗位职责是：执行车间生产的有关技术管理规定，保证产品的质量和生产效益的提高，并结合本车间的实际，采取有效措施贯彻实施。具体的工作内容主要有以下几点：

第一，负责完善产品生产工艺与流程和岗位标准操作规程、做好各种生产记录，并能对生产记录进行统计与分析，保证实际生产过程符合 GMP 要求，并监督执行。

第二，负责每次生产前的技术准备工作，以及生产现场的技术指导、监督和实施。

第三，检查车间所领取的原辅料、包装材料的质量情况，对存在的问题及时处理。

第四，负责新产品、新工艺现场试产的技术管理工作，包括工艺处方、物料使用、技术工艺控制、记录、存在问题等的分析与总结。

第五，负责做好质量总结工作，包括质量事故、原辅料、中间产品、成品质量的统计与分析和报表的制作。

第六，能根据中间产品质量标准、检验结果计算中间产品投料数量，检查每批产品的物料平衡情况，并能通过小型试验对现有生产工艺的技术参数进行适当的调整。

通过对以上技术员工作内容的分析可知，技术员在实际工作中所需的统计知识很多，仅在完善产品生产工艺与流程这个工作中，就涉及试验设计、数据的显著分析、回归分析和正交试验设计等知识。技术员与质量检验员所需的统计知识有共同之处，也有不同的地方。为了避免教材内容的重复，与项目一相同的内容不再在本项目中赘述。

本项目是以完善产品生产工艺与流程为背景，以冠心苏合滴丸和妥布霉素发酵的生产工艺参数的选择与调整为主线，分 4 个具体的工作任务单元进行教学。

项目背景：冠心苏合滴丸原方收载于我国药典。处方由苏合香、冰片、乳香等药组成，主治寒凝气滞、心脉不通所致胸痹之证。原剂型为传统水丸，现采用了固体分散技术，将其改制成溶出速度快、吸收好、可发挥速效、高效作用的滴丸新剂型。评价滴丸质量的指标主要是丸重变异系数、溶散时限和外观质量（圆润度、光洁度等）。以滴丸重变异系数最小、溶散时限最短和外观质量高为好。某制药厂用 PEG4000 作为基质，以二甲基硅油为冷却剂生产冠心苏合滴丸。通过生产和前期单因素筛选研究中发现影响影响滴丸的主要因素是药物与基质的配比、药液温度、冷却剂温度。技术员怎样才能根据药典对滴丸质量的评价标准，优选最佳的生产工艺条件。

生产工艺参数的选择工作比较复杂，一般从单因素开始，逐步过渡到多因素。生产技术员或管理员对生产工艺参数的选择、调整和管理的基本流程和所需用的知识点是：第一，单因素试验设计（查阅资料或根据过去的生产经验确定生产试验的三大主要因素，合理安排试验因素）；第二，按照试验方案进行试验（本课程不涉及）；第三，正确记录检验数据（数据收集）；第四，制作图表（数据整理）；第五，根据标准判断检验结果（数据统计检验）；第六，预测产品的分布区间（数据描述）；第七，选择最佳的单一工艺参数（回归分析）；第八，多个工艺参数的优组合选择（正交试验与分析）；第九，出具试验报告，提出合理的改进建议。

任务五　计量指标单工艺参数分析

◎ **能力目标**

1. 能应用试验统计中显著性检验的基本知识和 Excel 工具对计量数据进行显著性检验。

2. 能正确地解读 Excel 数据分析工具计算的结果。

3. 能根据检验的结果对检验对象的差异性进行分析与推断。

◎ **知识目标**

1. 了解两均数差异显著性检验的原理和理论意义。

2. 熟悉计量数据资料显著性差异检验的应用条件、基本方法、步骤和判断依据，Excel 自带统计函数公式和数据分析工具的选择与应用。

3. 掌握利用 Excel 统计函数和数据分析工具对计量数据资料进行差异分析的操作过程。

◎ **素质要求**

学生能真正地认识到，同一问题在不同的条件下具有不同的结果，并能用唯物辩证的逻辑思维方法去分析问题和解决问题。

◎ **任务背景**

某药厂技术员选用滴丸溶散时限作为研究的质量标准，调整生产工艺中的药物与基质的配比。根据生产经验和查阅文献资料，技术员发现药物与基质的配比为 1∶2 或 1∶3 时较好，为了判断这两个配比哪个更好，进行对照组试验研究。

◎ **工作任务**

在此试验研究中需完成以下工作：设计一个单因素对照组试验方案，根据表 5—1 的试验数据资料完成以下 3 个统计分析任务：

1. 如已知（资料报道）该同类药品的总体平均溶散时限是 6.0min，总体标准差是 0.15min，判断药物与基质的配比分别为 1∶2 和 1∶3 时，是否能达到该同类药品的总体水平（可信度取 95%）。

2. 如该同类药品的总体平均溶散时限是 6.0min，总体标准差未知，判断药物与基质的配比分别为 1∶2 和 1∶3 时，是否能达到该同类药品的总体水平（可信度取 95%）。

3. 比较药物与基质的配比为 1∶2 和 1∶3 时的溶散效果哪个较好。

◎ **工作步骤**

第一步，试验设计，并按试验方案进行试验；

第二步，正确记录试验数据，并进行校正与整理；

第三步，试验数据的处理与分析：建立原假设 H_0 和备选假设 H_1，以原假设为前提，利用 Excel 自带公式计算统计量（t 值）或概率值；

第四步，依据小概率事件原理和计算出的统计量（t-值）或概率值对实际问题做出推断。

单元一 单因素对照组试验设计

一、确定试验的基本要素

根据本研究的目的和条件，我们可知：本试验的对象是滴丸；试验的因素是药物与基质的配比，比例的大小有两种，即有两个处理，第一个是药物与基质的比为1∶2，另一个是药物与基质的比为1∶3；效果指标是滴丸的溶散时限。

二、试验方案的制订

本试验研究的问题很简单，就是要确定药物与基质的配比问题。在这个问题中，又分为两个小问题：第一，药物与基质比为1∶2和1∶3的试验结果与标准之间对比；第二，试验自身的对比，即药物与基质比为1∶2与1∶3之间的试验结果比较。根据试验设计的对照原则，本试验研究可分为两个组，药物与基质比为1∶2的为一组，药物与基质比为1∶3的为另一组，采用对照组试验设计中的相互对照。所谓相互对照就不同处理之间相互比较，就本研究试验来说，就是药物与基质比为1∶2与1∶3之间试验结果的比较。对照组试验设计按受试对象的性质可分为两类：一类是非均匀试验对象对照试验设计，另一类是均匀试验对象对照试验设计。

非均匀试验对象的受试对象的个体不是均匀的，即非处理因素不同。除了确定的处理因素以外，凡是影响试验结果的其他因素都称为非处理因素。例如，在确定某种降压药的降压效果的试验中，试验的处理因素是降压药，影响血压的其他因素，如病人的年龄、体质状况和生活习惯（抽烟、喝酒和饮茶等）等都对血压有一定影响作用，直接或间接的影响试验的效果，这些因素就叫非处理因素。在对照组试验设计中，如果两个组的非处理因素相差太大，就不符合试验设计的组间均衡性原则，两组间的试验结果就失去了可比性。所以在实际工作中，根据非处理因素均衡的原则，首先列出非处理因素，在合格试验对象中采用分层抽样法选择试验对象，再把各层次中的受试对象按对等的方法随机分配到试验组和对照组。基本步骤如图5—1所示。

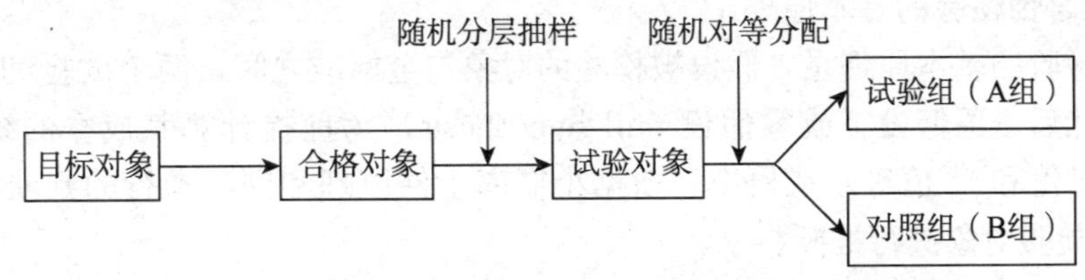

图5—1 非均匀试验对象对照组试验设计的一般方法

均匀试验对象对照试验设计，要求受试对象的个体是均匀的，即非处理因素相同或基本相同。本研究试验的对象是滴丸，按药典的要求滴丸的颗粒必须是均匀的，所以本试验设计应为均匀试验对象对照试验设计。试验设计的基本方法是随机抽样和随机分组法，基本步骤如图 5—2 所示。具体到本研究试验来说，就是开动机器进行生产，除去产品中的个别极端个体，从药物与基质比为 1∶2 的产品中随机抽出若干粒组成 A 组进行溶散时限检验；同理，从药物与基质比为 1∶3 的产品中随机抽出若干粒组成 B 组进行溶散时限检验，然后对检验的结果进行比较。

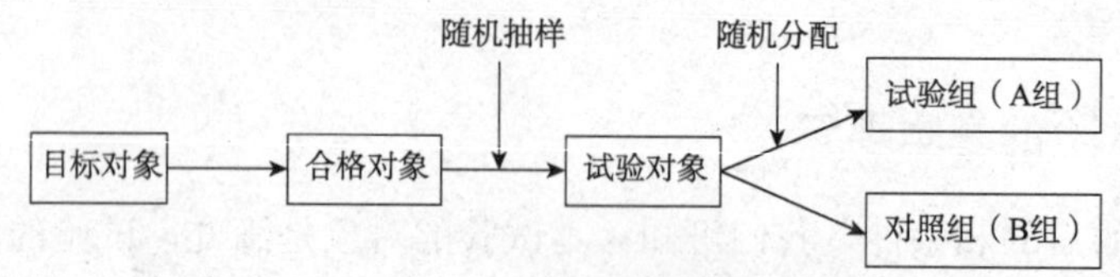

图 5—2　均匀试验对象对照组试验设计的一般方法

根据试验设计的均衡性原则，要保证滴丸的生产中，除了药物与基质的配比不同外，其他条件必需相同，即保证非处理因素相同。再根据试验设计的重复性原则，A 组和 B 组要有重复。假设本研究试验设计 12 个重复，具体的试验方案和试验结果如表 5—1 所示。

表 5—1　　**不同药物与基质比对滴丸溶散时限的影响**　　（单位：min）

组别	试验编号											
	1	2	3	4	5	6	7	8	9	10	11	12
A 组（1∶2）	6.1	5.7	6.0	5.8	5.7	5.8	6.0	6	6.1	5.9	5.6	5.7
B 组（1∶3）	6.1	6.3	6.1	6.2	6.1	5.7	6.1	5.9	6.3	6	6.2	6.1

三、试验结果的显著性检验

显著性检验（test of statistical significance）又称假设检验（test of hypothesis），是统计学的核心内容，其本质就是利用统计学特有的方法比较两者之间是否存在着本质的差异，常常被广泛地应用到科研试验的多个方面，为我们解决工作中的实际问题。根据数据资料的类型和模式的不同可有不同的统计方法，常用的方法有 u-检验、t-检验、方差分析和 χ^2-检验。u-检验和 t-检验是用于计量数据资料的显著性检验，前者主要是用于总体方差已知或者是大于 100 的大样本的显著性检验分析，后者是用于小样本和总体方差未知时的显著性检验。方差分析主要是用于 3 组或 3 组以上计量数据资料的统计分析，当方差分析有显著性差异后，还要进行多重比较分析，多重比较分析需用专门的统计软件。χ^2-检验是用于计数数据资料的显著性检验。

（一）显著性检验的基本原理

显著性检验的基本原理是，假设被检验的对象与金标准之间，两个试验对象之间无显著性差异。然后以**原假设**（或**零假设** null hypothesis）为前提计算其成立的统计量（u-值、t-值、F 值和 χ^2 值等）或概率，依据小概率事件原理和国际通行的判断标准（0.05 和 0.01）对检验对象进行推断。

（二）显著性检验的基本的方法与步骤

第一步，试验设计。常用的基本的设计方法有：完全随机设计，对照组设计和配对组设计。一般情况下，利用金标准检验某一产品或其他试验对象时，采用完全随机设计；比较分析两个试验对象时，采用随机区组设计；比较某一处理因素对试验对象作用的前后效果时，采用配对组设计。

第二步，正确记录试验数据。把记录的数据输入 Excel 表格，并进行校正和整理。

第三步，利用 Excel 自带函数公式或分析工具对试验数据进行处理与分析。

(1) 建立原假设 H_0 和备选假设（或对立假设 alternative hypothesis）H_1。H_0 是假设被检验的对象与金标准之间，两个试验对象之间无显著性差异；H_1 则相反。

(2) 以原假设为前提利用公式、Excel 自带统计公式或数据分析工具或专业统计软件计算原假设的统计量（t 值）或概率值。Excel 自带统计公式或数据分析工具计算原假设概率的方法：

1) 当总体标准差已知时，用 Excel 自带统计公式 “ZTEST” 计算 t-检验原假设概率。

2) 当总体标准差未知时，首先将抽样的试验数据与国家标准或其他金标准的数据进行配对，形成配对组数据资料，再利用 Excel 自带数据分析工具中的 “t-检验：平均值的成对二样本分析” 计算 t-检验原假设概率。

3) 对照组试验设计双样本显著性 t-检验时，首先，利用 Excel 自带数据分析工具中的 “F-检验：双样本方差分析”，判断两个样本的总体方差情况，即是等方差还是异方差，然后再选择双样本 t-检验的类型。如是等方差，就用数据分析工具中的 “t-检验：双样本等方差假设” 计算 t-检验原假设概率；如是异方差，就用 “t-检验：双样本异方差假设” 计算 t-检验原假设概率。

第四步，依据小概率事件原理和计算出的统计量（t-值）或概率值对实际检验的问题做出推断。如 $P>0.05$ 或 $t<t_{0.05}$，原假设成立；如 $P\leqslant 0.05$ 或 $t\geqslant t_{0.05}$，原假设不成立。其中，$P\leqslant 0.05$ 或 $t\geqslant t_{0.05}$，差异显著，$P\leqslant 0.01$ 或 $t\geqslant t_{0.01}$，差异极显著。

单元二　单组数据资料分析

单个样本的两均数检验是指样本均数 $\bar{x}$ 代表的总体均数 μ 和已知总体均数 μ_0 的比较。通过计算出的概率来判断两者之间是否存在显著性的差异。其中已知总体均数（金标准）一般为标准值、行业内公认的理论值、大量试验的稳定值或地方、国家、世界某专业组织的强制性标准。在实际工作中主要用于推断抽样的总体是否达到某种规定的标准。具体的方法主要包括两种：当总体方差 σ 为已知，或者是样本的含量大于 30 时用 u-检验；总体方差 σ 未知，且样本的含量小于或等于 30 时用 t-检验。

一、总体标准差已知的 u-检验

传统的检验方法均为手工的公式计算法，此方法计算过程较为复杂，且计算的结果不能直接进行结果的判断，必须借助查表才能完成对研究结果的判断。本教材从实用、快捷和与时俱进的角度出发，引入了 Excel 作为检验分析的工具，可直接计算出概率，对结果进行推断。下面演示具体的分析过程。

(1) 将表 5—1 的数据、已知条件和求解项输入 Excel，如图 5—3 所示。

(2) 用鼠标左键点击工具栏中的 “fx” → “统计” → “ZTSET”，如图 5—4 所示。

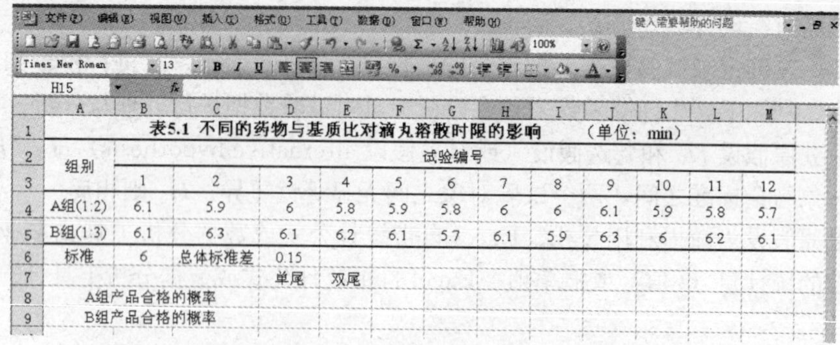

图 5—3 数据集与求解问题

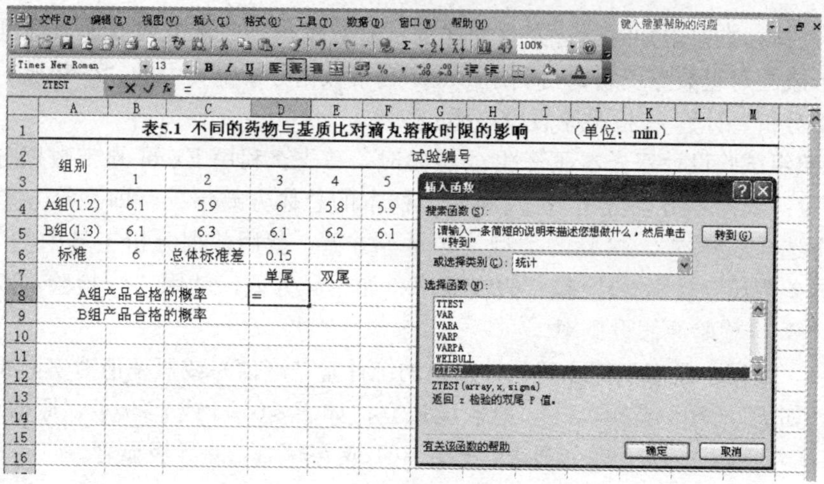

图 5—4 插入函数“ZTSET”

（3）点击图 5—4 对话框中的“确定”按钮，便弹出 ZTEST 函数的“函数参数”对话框，如图 5—5 所示。根据对话框的提示，在“Array”的输入框后，拖拉鼠标选择 B4：M4 单元格样本的数据；“X”为标准值“单元格 B6”；“Sigma”为总体标准差 σ“单元格 D6”。

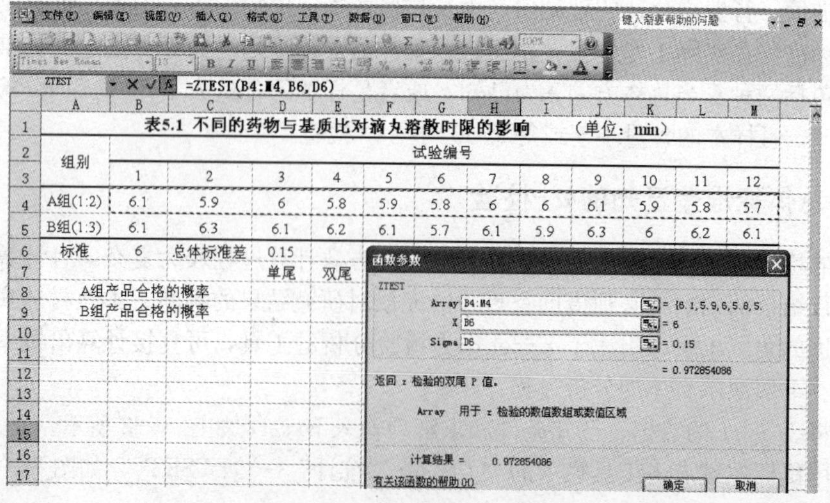

图 5—5 “函数参数”对话框

(4) 点击图 5—5 对话框中的“确定”按钮，即出现图 5—6 的结果：A 组产品合格的概率。

E8 =(1-D8)*2

	A	B	C	D	E	F	G	H	I	J	K	L	M
1	表5.1 不同的药物与基质比对滴丸溶散时限的影响 (单位：min)												
2	组别	试验编号											
3		1	2	3	4	5	6	7	8	9	10	11	12
4	A组(1:2)	6.1	5.9	6	5.8	5.9	5.8	6	6	6.1	5.9	5.8	5.7
5	B组(1:3)	6.1	6.3	6.1	6.2	6.1	5.7	6.1	5.9	6.3	6	6.2	6.1
6	标准	6	总体标准差	0.15									
7				单尾	双尾								
8	A组产品合格的概率			0.9729	0.054								
9	B组产品合格的概率												

图 5—6 “ZTSET”函数计算的 A 组产品的结果

注意：Excel 自带函数公式计算出的概率为单尾概率，如计算出的概率（P）小于 0.05，把它乘以 2 就是双尾的概率。例如图 5—7 计算出的双尾概率＝0.017×2＝0.034。如果计算出的概率（P）大于 0.05，就要用“(1－P)×2”的公式来计算。如图 5—6 计算出的单尾概率是 0.972 9，它的双尾概率＝(1－0.972 9)×2＝0.054。

(5) 用同样的操作求 B 组产品合格的概率，其结果如图 5—7 所示。

E9 =D9*2

	A	B	C	D	E	F	G	H	I	J	K	L	M
1	表5.1 不同的药物与基质比对滴丸溶散时限的影响 (单位：min)												
2	组别	试验编号											
3		1	2	3	4	5	6	7	8	9	10	11	12
4	A组(1:2)	6.1	5.9	6	5.8	5.9	5.8	6	6	6.1	5.9	5.8	5.7
5	B组(1:3)	6.1	6.3	6.1	6.2	6.1	5.7	6.1	5.9	6.3	6	6.2	6.1
6	标准	6	总体标准差	0.15									
7				单尾	双尾								
8	A组产品合格的概率			0.9729	0.054								
9	B组产品合格的概率			0.0171	0.034								

图 5—7 “ZTSET”函数计算的 A 与 B 组产品的结果

(6) 结果的判断。根据小概率事件原理，$P>0.05$，样本总体与标准之间没有显著性的差异，可以判定被检验的总体符合标准，即合格。如 $P\leqslant 0.05$，样本总体与标准之间有显著性的差异，可以判定被检验的总体不符合标准，即不合格。上述判断的正确概率是 95%，错误的概率是 5%。如果 $P\leqslant 0.01$，样本总体与标准之间有极显著性的差异，可以判定被检验的总体与标准之间相差很大，即不合格。上述判断的正确概率是 99%，错误的概率是 1%。

本例 A、B 组产品的双尾概率分别是 0.054 和 0.034，根据小概率事件原理，在 95% 置信度下，A 组产品符合标准，B 组产品不符合标准。

二、总体标准差未知的 t-检验

当总体的标准差未知，且样本容量小于30时不能用Excel自带的“ZTEST”函数公式进行显著性分析，要采用配对资料的Excel自带的“ZTEST”函数公式或者是“数据分析”中的“t-检验：平均数成对二样本分析”。配对分析的基本方法是用国家标准与抽样样本进行配对，这是一种特殊的配对方式，通常的配对数据资料是通过配对组试验设计而来的。配对试验设计可分为：自身配对设计——每对数据来自同一个受试对象；同源配对设计——每对数据来自同一窝（或胎）的两个受试对象；条件相近者配对设计——每对数据来自条件（指最重要的非处理因素）相近的两个受试对象。由于后两个配对试验设计对试验对象要求较高，本教材不涉及，在此仅简单介绍自身配对试验设计。

自身配对试验设计按受试对象的性质可分为两类，一类是不可分割试验对象的配对试验设计，另一类是可分割的试验对象的配对试验设计。

不可分割试验对象，是指受试对象不可以分割，如强行分割将失去试验的意义。如某种试验对象是人或者是动物就属于这类试验对象。如对这类试验对象进行试验就要采用不可分割试验对象的配对试验设计法。例如在确定某种降压药的降压效果的试验中，试验对象高血压病人不能分割，我们可以采用两次测定法，即试验（服药）前测一次病人血压值，形成一组数据，试验（服药）后再测一次病人血压值，再形成一组数据。这两组数据就可以配对成数据组进行显著性检验。基本方法如图5—8所示。

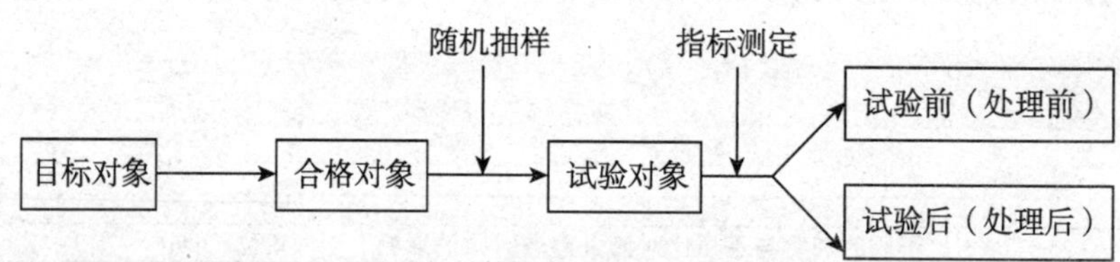

图5—8 不可分割的试验对象配对试验设计的一般方法

另一类是受试对象可以分割，如在比较用不同的检验方法测定维生素B片剂含量的研究中，试验的对象是维生素B片剂，可以把一片维生素B片一分为二，一半分配到试验组或者是A组，另一半分配到对照组或者是B组，两组分别接受不同的处理。如试验A组按药典的方法进行检测，B组用二阶导数紫外光谱法测定。这就是可分割的试验对象的配对试验设计，图5—9是试验设计一般方法的图解。

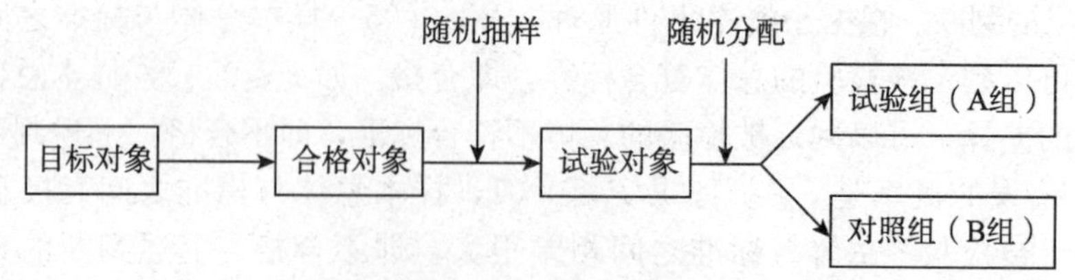

图5—9 可分割的试验对象配对试验设计的一般方法

现以“数据分析”中的“t-检验：平均数成对二样本分析”的方法为例，进行显著性检验分析的操作。

（1）根据分析函数的要求，用标准数据与试验变量（样本分析化验的结果）配对，以形成配对数据组，配对方法如图 5—10 所示。

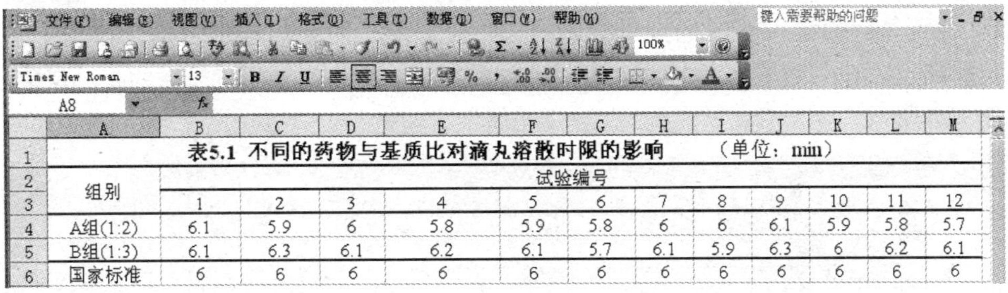

表5.1 不同的药物与基质比对滴丸溶散时限的影响 （单位：min）

组别	试验编号											
	1	2	3	4	5	6	7	8	9	10	11	12
A组(1:2)	6.1	5.9	6	5.8	5.9	5.8	6	6	6.1	5.9	5.8	5.7
B组(1:3)	6.1	6.3	6.1	6.2	6.1	5.7	6.1	5.9	6.3	6	6.2	6.1
国家标准	6	6	6	6	6	6	6	6	6	6	6	6

图 5—10 创建 Excel 数据集

（2）用鼠标左键点击工具栏中的“工具”选项，选择“数据分析”选项，如图 5—11 所示。

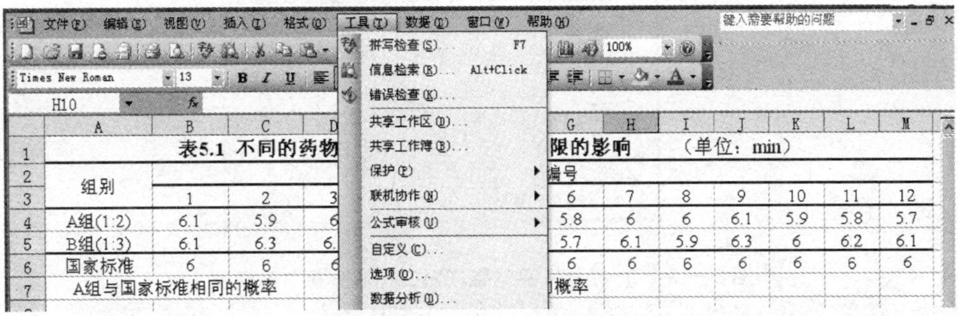

图 5—11 “工具”下拉对话框

（3）选择图 5—11 所示“工具”下拉列表中的“数据分析”选项，即弹出“数据分析”对话框，如图 5—12 所示。

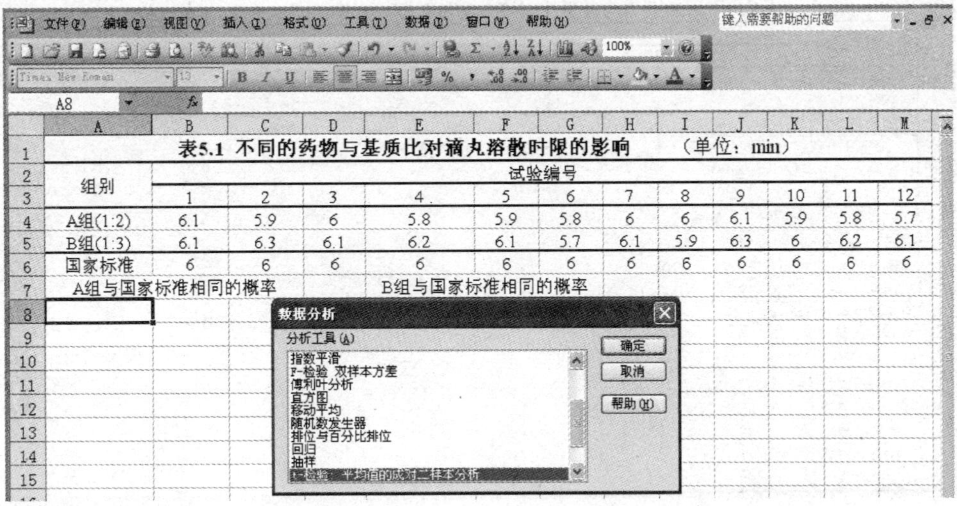

图 5—12 “数据分析”对话框

(4) 选择图 5—12 所示“数据分析”对话框中的“t-检验：平均数成对二样本分析”，并点击“确定”按钮，即弹出“t-检验：平均数成对二样本分析”对话框，并根据对话框的提示，在“变量 1 区域”后的输入框内拖拉鼠标选择 B3∶F3 单元格样本的数据；在“变量 2 区域”后的输入框内拖拉鼠标选择 B4∶F4 单元国家标准的数据；点击“输出区域”前的圆点，在其后输入框内填写结果输出的起始单元格，本例选择的是 A8 单元格，如图 5—13 所示。

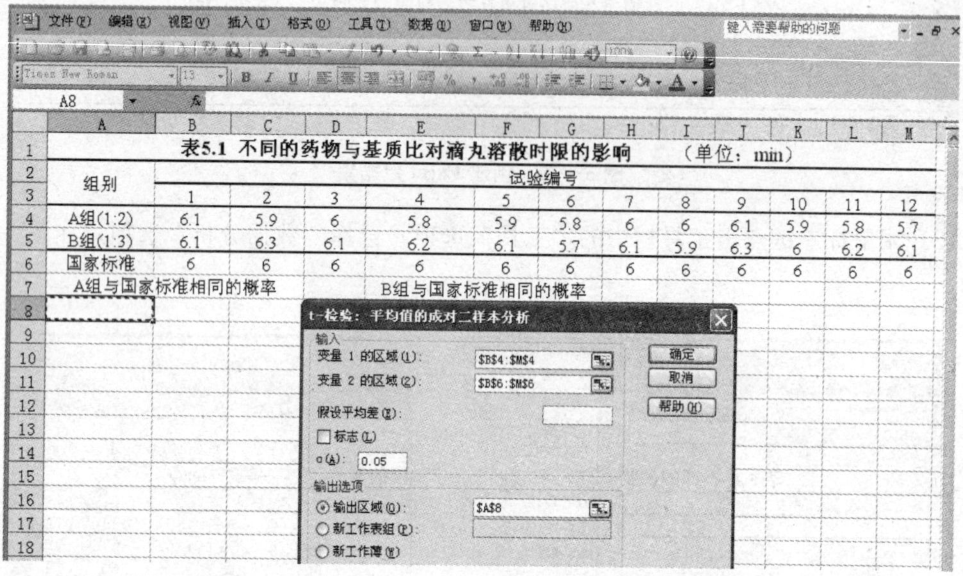

	A	B	C	D	E	F	G	H	I	J	K	L	M
1		表5.1 不同的药物与基质比对滴丸溶散时限的影响 (单位：min)											
2	组别	试验编号											
3		1	2	3	4	5	6	7	8	9	10	11	12
4	A组(1:2)	6.1	5.9	6	5.8	5.9	5.8	6	6	6.1	5.9	5.8	5.7
5	B组(1:3)	6.1	6.3	6.1	6.2	6.1	5.7	6.1	5.9	6.3	6	6.2	6.1
6	国家标准	6	6	6	6	6	6	6	6	6	6	6	6
7	A组与国家标准相同的概率				B组与国家标准相同的概率								

t-检验：平均值的成对二样本分析

输入

变量 1 的区域(1)：$B$4:$M$4

变量 2 的区域(2)：$B$6:$M$6

假设平均差(E)：

□标志(L)

α(A)：0.05

输出选项

◉输出区域(O)：$A$8

○新工作表组(P)：

○新工作薄(W)

确定　取消　帮助(H)

图 5—13 “t-检验：平均数成对二样本分析”对话框

(5) 点击图 5—13 所示对话框中的“确定”按钮，即出现图 5—14 所示的结果。

A7　A组与国家标准相同的概率

	A	B	C	D	E	F	G	H	I	J	K	L	M
1		表5.1 不同的药物与基质比对滴丸溶散时限的影响 (单位：min)											
2	组别	试验编号											
3		1	2	3	4	5	6	7	8	9	10	11	12
4	A组(1:2)	6.1	5.9	6	5.8	5.9	5.8	6	6	6.1	5.9	5.8	5.7
5	B组(1:3)	6.1	6.3	6.1	6.2	6.1	5.7	6.1	5.9	6.3	6	6.2	6.1
6	国家标准	6	6	6	6	6	6	6	6	6	6	6	6
7	A组与国家标准相同的概率				B组与国家标准相同的概率								
8	t-检验：成对双样本均值分析												
9													
10		变量 1	变量 2										
11	平均	5.916667	6										
12	方差	0.016061	0										
13	观测值	12	12										
14	泊松相关系数	#DIV/0!											
15	假设平均差	0											
16	df	11											
17	t Stat	-2.27787											
18	P(T<=t) 单尾	0.02185											
19	t 单尾临界	1.795885											
20	P(T<=t) 双尾	0.0437											
21	t 双尾临界	2.200985											

图 5—14 A 组数据检验统计的结果

（6）同样的操作过程得到B组产品符合国家标准的统计结果，如图5—15所示。

文件(F) 编辑(E) 视图(V) 插入(I) 格式(O) 工具(T) 数据(D) 窗口(W) 帮助(H)　键入需要帮助的问题

Times New Roman　13　100%

E7　B组与国家标准相同的概率

	A	B	C	D	E	F	G	H	I	J	K	L	M
1	表5.1 不同的药物与基质比对滴丸溶散时限的影响　（单位：min）												
2	组别	试验编号											
3		1	2	3	4	5	6	7	8	9	10	11	12
4	A组(1:2)	6.1	5.9	6	5.8	5.9	5.8	6	6	6.1	5.9	5.8	5.7
5	B组(1:3)	6.1	6.3	6.1	6.2	6.1	5.7	6.1	5.9	6.3	6	6.2	6.1
6	国家标准	6	6	6	6	6	6	6	6	6	6	6	6
7	A组与国家标准相同的概率				B组与国家标准相同的概率								
8	t-检验：成对双样本均值分析				t-检验：成对双样本均值分析								
9													
10		变量 1	变量 2			变量 1	变量 2						
11	平均	5.916667	6		平均	6.09167	6						
12	方差	0.016061	0		方差	0.02811	0						
13	观测值	12	12		观测值	12	12						
14	泊松相关系数	#DIV/0!			泊松相关系数	#DIV/0!							
15	假设平均差	0			假设平均差	0							
16	df	11			df	11							
17	t Stat	-2.27787			t Stat	1.8941							
18	P(T<=t) 单尾	0.02185			P(T<=t) 单尾	0.0424							
19	t 单尾临界	1.795885			t 单尾临界	1.79588							
20	P(T<=t) 双尾	0.0437			P(T<=t) 双尾	0.08479							
21	t 双尾临界	2.200985			t 双尾临界	2.20099							

图5—15　A、B两组数据检验统计的结果

A、B组产品达到国家标准的双尾概率分别是0.043 7和0.084 8，根据小概率事件原理，在95%置信度下，A组产品达不到国家标准，B组产品达到了国家标准。这一判断的结果和已知总体标准差的判断结果完全相反，这一现象说明，检验的方法不同，其检验判断的结果也不相同。所以在实际工作中，一定要严格根据条件选择正确的检验方法，才能得到正确的判断结果。

单元三　两组数据资料分析

双样本数据资料分析就是比较两个样本均数的差异，以检验两样本所属总体均数是否不同。例如比较两台机器的生产能力，两种配料工艺对药品或食品某一品质的影响，两种药物对某病的治疗效果等。

均匀试验对象的对照组试验，利用Excel作为显著性检验的分析工具的操作可分为两大步：第一步，对两组进行双样本的方差分析，检验两组数据的方差是否相等；第二步，根据方差分析的结果选择适当的t-检验的方法。

一、双样本方差分析

（1）将数据输入Excel，用鼠标点击“工具”选项，如图5—16所示。

（2）用鼠标点击图5—16所示“工具”下拉列表中的“数据分析”选项，便弹出图5—17所示“数据分析”对话框，选择“F-检验双样本方差”。

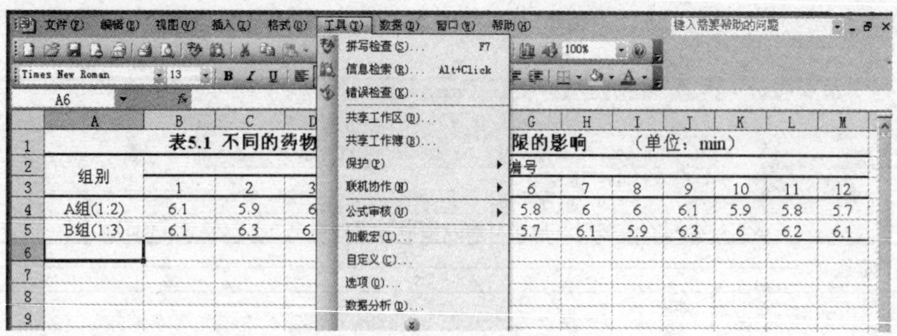

图 5—16 “工具”下拉列表

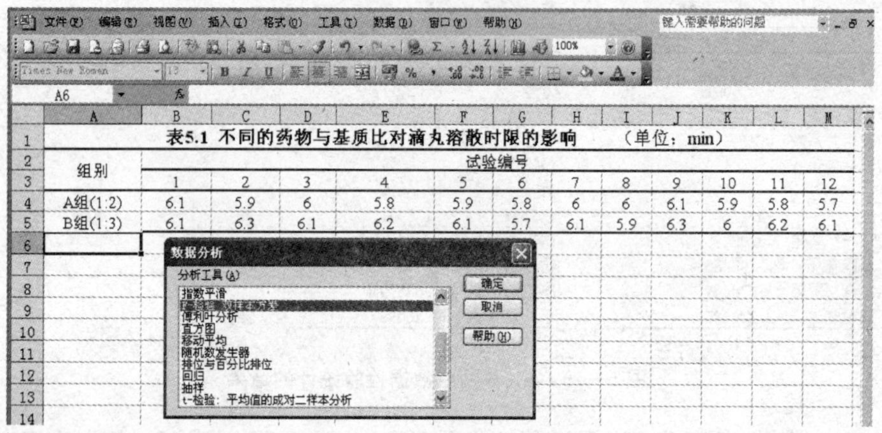

图 5—17 “数据分析”对话框

（3）鼠标点击图 5—17 所示“F-检验双样本方差”选项，在弹出的“F-检验双样本方差”对话框中，根据提示，在“变量 1 的区域”后的框内用鼠标拖拉选择 B4 至 M4 单元格；在“变量 2 的区域”后的框内用鼠标拖拉选择 B5 至 M5 单元格；用鼠标点击“输出区域”前的圆圈、再点击其后面的方框，并选择结果输出的单元格（本例选择 A6 单元格），如图 5—18 所示。

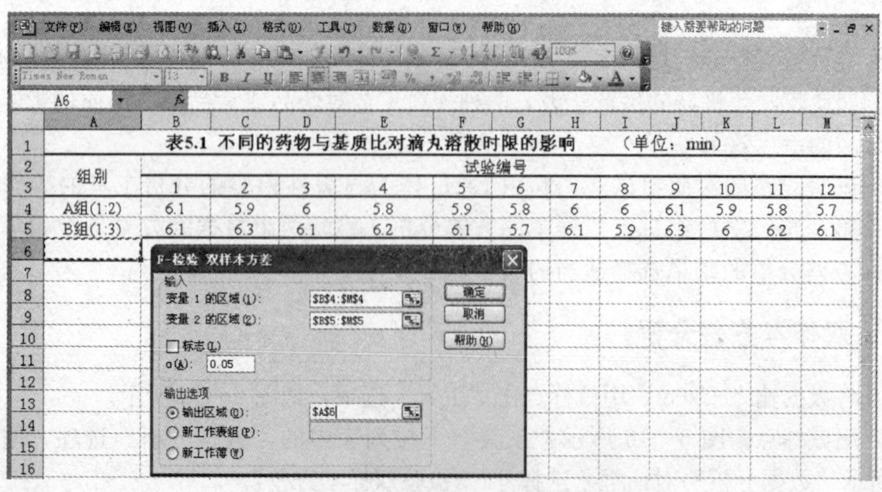

图 5—18 “F-检验双样本方差”对话框

（4）用鼠标点击图 5—18 所示对话框中的“确定”按钮，即出现如图 5—19 所示的统计结果。

	A	B	C	D	E	F	G	H	I	J	K	L	M
1	表5.1 不同的药物与基质比对滴丸溶散时限的影响								（单位：min）				
2	组别	试验编号											
3		1	2	3	4	5	6	7	8	9	10	11	12
4	A组(1:2)	6.1	5.9	6	5.8	5.9	5.8	6	6	6.1	5.9	5.8	5.7
5	B组(1:3)	6.1	6.3	6.1	6.2	6.1	5.7	6.1	5.9	6.3	6	6.2	6.1
6	F-检验 双样本方差分析												
7													
8		变量 1	变量 2										
9	平均	5.916667	6.091667										
10	方差	0.016061	0.028106										
11	观测值	12	12										
12	df	11	11										
13	F	0.571429											
14	P(F<=f) 单尾	0.183658											
15	F 单尾临界	0.35487											

图 5—19 双样本方差分析结果

二、双样本 t-检验

（1）双样本 t-检验方法的选择。根据图 5—19 的结果，由于 $P>0.05$，即两组数据的方差相等，所以本例需要选择“t-检验：双样本等方差假设”。

（2）用鼠标点击“工具”选项，即弹出如图 5—20 的“工具”下拉列表。

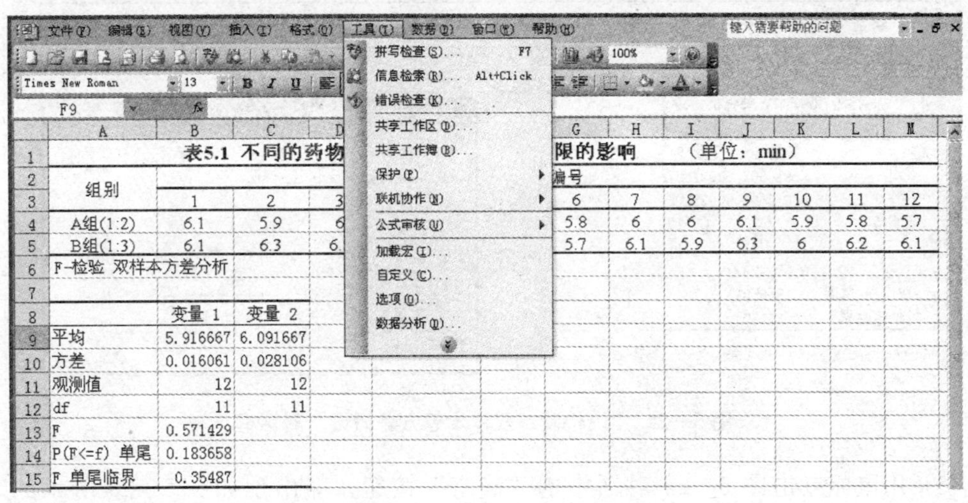

图 5—20 “工具”下拉列表

（3）用鼠标点击图 5—20 的“工具”下拉列表中的“数据分析”选项，即弹出如图 5—21 所示的“数据分析”对话框。

（4）鼠标点击图 5—21 所示“数据分析”对话框，选择“t-检验：双样本等方差假设”，并点击“确定”按钮，便弹出“t-检验：双样本等方差假设”对话框。在“t-检验：双样本等方差假设”对话框中，根据提示，在“变量 1 的区域”后的框内用鼠标拖拉选择

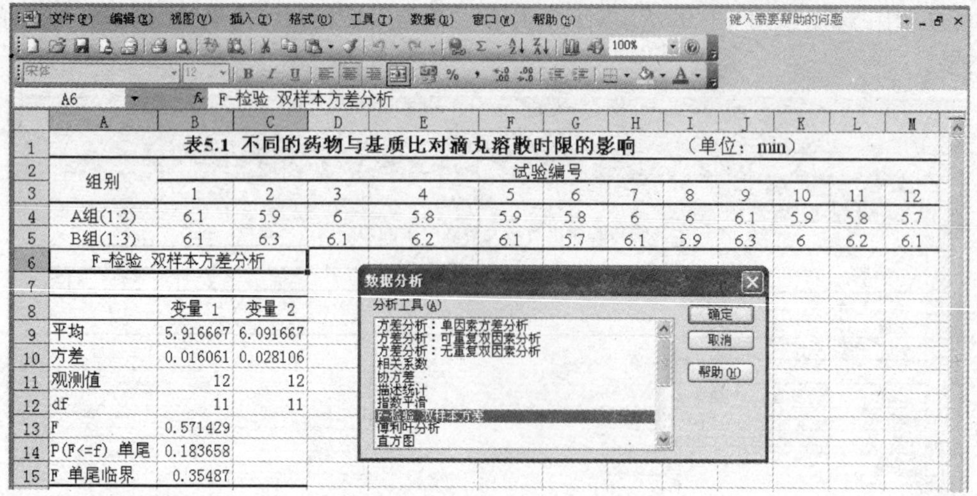

图 5—21 “数据分析”对话框

B4 至 M4 单元格；在“变量 2 的区域”后的框内用鼠标拖拉选择 B5 至 M5 单元格；用鼠标点击“输出区域”前的圆圈，再点击其后面的方框，并选择结果输出的单元格（本例选择 E6 单元格），如图 5—22 所示。

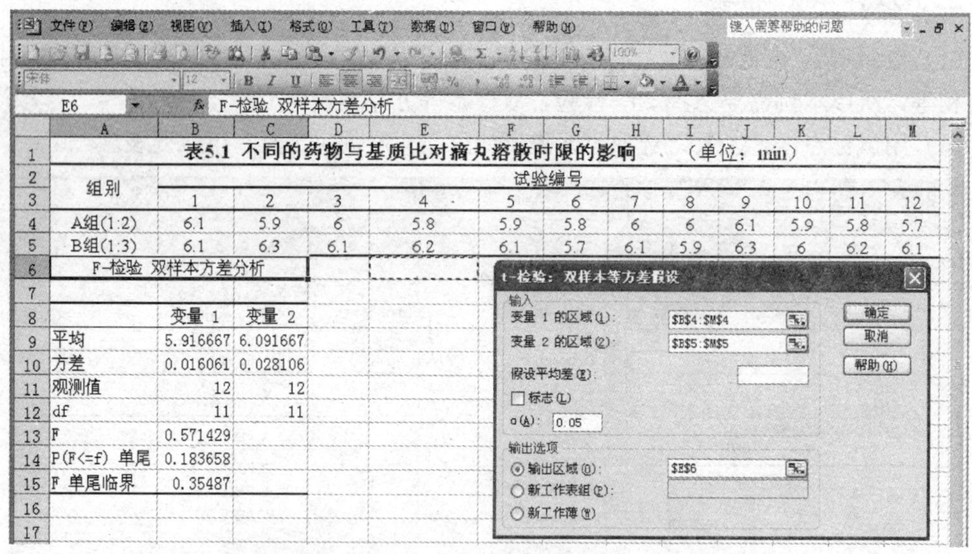

图 5—22 “t-检验：双样本等方差假设”对话框

（5）用鼠标点击图 5—22 对话中的“确定”按钮，即出现如图 5—23 所示的统计结果。

（6）结果分析：图 5—23 中两组产品相同的双尾概率是 0.008 6，即 $P<0.01$，两者差异极显著，即这两组滴丸的溶散时限有本质的区别。根据溶散时限越短越好的评价原则，A 组的滴丸的平均溶散时限是 5.917min，B 组的滴丸的平均溶散时限是 6.092min，所以 A 组优于 B 组。进而可知药物与基质的配比 1∶2 优于 1∶3，生产上应选择药物与基质为 1∶2 的配比进行生产。

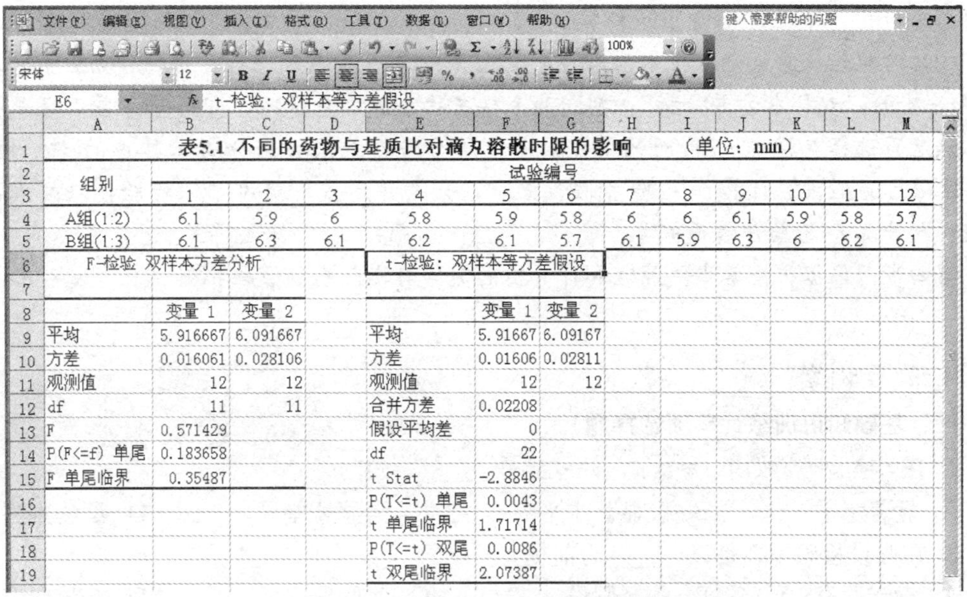

	A	B	C	D	E	F	G	H	I	J	K	L	M
1		表5.1 不同的药物与基质比对滴丸溶散时限的影响						（单位：min）					
2	组别	试验编号											
3		1	2	3	4	5	6	7	8	9	10	11	12
4	A组(1:2)	6.1	5.9	6	5.8	5.9	5.8	6	6	6.1	5.9	5.8	5.7
5	B组(1:3)	6.1	6.3	6.1	6.2	6.1	5.7	6.1	5.9	6.3	6	6.2	6.1
6	F-检验 双样本方差分析				t-检验：双样本等方差假设								
7													
8		变量 1	变量 2			变量 1	变量 2						
9	平均	5.916667	6.091667		平均	5.91667	6.09167						
10	方差	0.016061	0.028106		方差	0.01606	0.02811						
11	观测值	12	12		观测值	12	12						
12	df	11	11		合并方差	0.02208							
13	F	0.571429			假设平均差	0							
14	P(F<=f) 单尾	0.183658			df	22							
15	F 单尾临界	0.35487			t Stat	-2.8846							
16					P(T<=t) 单尾	0.0043							
17					t 单尾临界	1.71714							
18					P(T<=t) 双尾	0.0086							
19					t 双尾临界	2.07387							

图 5—23 “t-检验：双样本等方差假设”统计的结果

小 结

显著性检验又称假设检验，是统计学的核心内容，常常被广泛地应用到科研试验的多个方面，解决工作中的实际问题。根据数据资料的类型和模式的不同可有不同的统计方法，常用的方法有 u-检验、t-检验、方差分析和 χ^2-检验。u-检验和 t-检验是用于计量数据资料的显著性检验，前者主要是用于总体方差已知或者是大样本的显著性检验分析，后者是用于小样本和总体方差未知时的显著性检验。方差分析主要是用于三组或三组以上计量数据资料的统计分析，当方差分析有显著性差异后，还要进行多重比较分析，多重比较分析需用专门的统计软件。χ^2-检验是用于计数数据资料的显著性检验。

显著性检验的实质是检验的对象的平均值与金标准之间，两个试验对象平均值之间无显著性差异。显著性检验的基本原理是以原假设为前提计算其成立的统计量（u-值、t-值、F值和 χ^2 值等）或概率，依据小概率事件原理和国际通行的判断标准（0.05 和 0.01）对检验对象进行推断。

显著性检验的基本步骤是：

第一步，试验设计，常用的基本的设计方法有完全随机设计、随机区组设计和配对组设计。

第二步，正确记录试验数据，并把记录的数据输入 Excel 表格，并进行校正和整理。

第三步，利用 Excel 自带函数公式或分析工具对试验数据进行处理与分析。

常用的 Excel 分析工具的选择：

(1) 当总体标准差已知时，用 Excel 自带统计公式“ZTEST”计算 t-检验原假设概率。

(2) 当总体标准差未知时，首先将抽样的试验数据与国家或其他金标准的数据进行配对，形成配对组数据资料，再利用 Excel 自带数据分析工具中的“t-检验：平均值的成对二样本分析”计算 t-检验原假设概率。

(3) 对照组试验设计双样本显著性 t-检验时，首先，利用 Excel 自带数据分析工具中的“F-检验：双样本方差分析”，判断两个样本的总体方差情况，即是等方差，还是异方差，然后再选择双样本 t-检验的类型。如是等方差，就用数据分析工具中的“t-检验：双样本等方差假设”计算 t-检验原假设概率，如是异方差，就用“t-检验：双样本异方差假设”计算 t-检验原假设概率。

第四步，依据小概率事件原理和计算出的概率对实际问题做出推断。

课后训练

一、基础知识训练（单项选择题）

1. 在 t 检验时，如果 $t=t_{0.01}$，此差异是______。

A. 显著水平　B. 极显著水平　C. 无显著差异　D. 没法判断

2. 在假设检验中，是以______为前提。

A. 肯定假设　B. 备择假设　C. 原假设　D. 有效假设

3. 试验统计中 t 检验常用来检验______。

A. 两均数差异比较　B. 两个数差异比较

C. 两总体差异比较　D. 多组数据差异比较

4. 某一事件符合正态分布，已知它的双尾概率是 0.42，那么单尾概率是______。

A. 0.84　B. 0.42　C. 0.21　D. 0.12

5. 一组配对数据资料，每组具有 10 个观察值。该配对资料的自由度是______。

A. 20　B. 19　C. 18　D. 9

6. 一组成组数据资料，每组具有 10 个观察值。该成组资料的自由度是______。

A. 20　B. 19　C. 18　D. 9

7. 利用 Excel 自带函数公式“ZTEST”进行显著性检验时，出现的数据是“0.985 3”，请问该检验的双尾概率是______。

A. 0.985 3　B. 0.029 4　C. 0.014 7　D. 都不是

8. 由两样本均数的差别推断两总体均数的差别，得到此差别具有统计意义的结论是指______。

A. 两样本均数差别有显著性

B. 两总体均数差别有显著性

C. 两样本均数和两总体均数的差别都有显著性

D. 其中一个样本均数和它的总体均数差别有显著性

9. 两样本比较作 t-检验，差别有显著性时，P 值越小说明______。

A. 两样本均数差别越大　B. 两总体均数差别越大

C. 越有理由认为两总体均数不同　D. 越有理由认为两样本均数不同

10. 为研究缺氧对正常人心率的影响，有 50 名志愿者参加试验，分别测得试验前后的心率，应用何种统计检验方法能较好地分析此数据______。

A. 配对 t-检验　B. 成组 t-检验　C. 成组 F-检验　D. 成组 χ^2-检验

二、基本技能训练（所有计算都必须在 Excel 中完成）

1. 完成本章冠心苏合滴丸的试验分析任务，并写出书面报告。

2. 对两组测试人员血液中的硫醇含量（单位：ppm）进行分析结果如下：

正常组：1.84，1.92，1.94，1.92，1.85，1.91，2.07

疾病组：2.81，4.06，3.62，3.27，3.27，3.76

问这两组人员之间血液中硫醇含量是否存在显著性的差异？

3. 某药厂用自动包装机包装的葡萄糖重量服从正态分布 $N(\mu, \delta^2)$，按规定每袋葡萄糖的标准重量为 500g，由以往标准得知总体方差 $\delta^2=6.52$，某日从生产线上随机抽取 6 袋，称得净重（单位：g）为：498，516，507，492，502，512。如方差不变，问某日自动包装机包装的平均重量是否还是 500g？($\alpha=0.05$)

4. 为提高安眠药的效果，药厂改革工艺后，收集到一组资料：使用新安眠药后的睡眠时间（单位：h）为：25.7，22.0，23.1，21.0，26.2，25.0，22.4。若测定值睡眠时间服从正态分布，试问在显著水平 0.05 下，平均睡眠时间是否较规定的 21.8h 有所提高？

5. 在比较两种药物的催眠作用，选用 20 名试验者，随机分成两组，每组 10 人，甲组服用 A 药，乙组服用 B 药，其睡眠时间延长值如表 5—2 所示，试比较两药的药效是否有显著性差异？

表 5—2　　不同药物对延长睡眠时间的作用　　（单位：h）

甲组	1.9	1.8	1.1	0.1	0.1	4.4	5.5	1.6	4.6	3.4
乙组	0.7	−1.6	0.2	−1.2	−0.1	3.4	3.7	0.8	0	2.0

6. 某医院在研究中药青兰改变兔脑血流图方面的作用的试验中，分别测得 5 只兔用药前后的数据（如表 5—3 所示）。试判断青兰有无改变兔脑血流图的作用？($\alpha=0.05$)

表 5—3　　青兰对兔脑血流图的影响

兔号	1	2	3	4	5
给药前	4.0	2.5	5.0	6.0	5.0
给药后	4.5	3.0	6.0	8.0	5.5

7. 为比较药典法与二阶导数紫外光谱法测定维生素 B6 片中维生素 B6 的含量，将每片的溶液分成 2 个样本，分别用 2 种方法测定含量，结果如表 5—4 所示。

表 5—4　　不同方法测定维生素 B6 片中维生素 B6 的含量（%）

光谱法 x	95.04	97.84	91.51	88.99	92.72	87.59	92.81	106.2	100.2	94.11
药典法 y	95.95	98.57	92.86	90.72	93.57	87.62	94.05	106.4	100.7	94.76

试问 2 种方法测定的维生素 B6 片中维生素 B6 的含量是否有显著性差异？($\alpha=0.05$)

三、能力拓展训练

1. 根据国家对果汁饮料的规定，果汁饮料中的原汁不低于 10%。质检员在同一批产品中随机抽取 9 个样品对其原汁的含量进行检验，其检验的结果如下：

10.2%、10.1%、9.6%、9.5%、10.5%、9.6%、9.3%、10.1%、10.3%

以 Excel 为数据分析处理工具，完成下列任务（取置信度 95%）：

（1）如果国家规定的总体标准差为 0.15，该批产品是否合格？

（2）如果国家没有规定总体的标准差，该批产品是否合格？

2. 某食品厂在研究酶法液化工艺制造山楂原汁的单因素试验中，发现酶解时间对山楂液化率具有一定的影响作用。技术研究人员查阅文献资料时发现有两种报道，其一是 2h，其二是 2.5h，为选择较为适当的酶解时间，他们进行了对照组试验，其试验结果如表 5—5 所示。

表 5—5　酶解时间对山楂液化率的影响作用（%）

酶解时间	试验处理编号						
	1	2	3	4	5	6	7
2 h	45.2	45.3	44.8	44.9	45.1	45.0	45.3
2.5 h	47.1	46.7	46.8	47.0	46.7	46.6	46.9

以 Excel 为数据分析处理工具，比较两种不同的酶解时间对山楂液化率的影响是否有显著性差异？（取置信度 95%）

3. 某工厂引进一种新的生产工艺，假如你是工厂的技术员，要求用对照组试验的方法来比较新引进工艺与老工艺的差异是否显著。请你查阅有关资料，自行确定试验对象、试验因素、试验效果标准和判断两者差异的显著性水平，设计一个完整的试验方案，并自编试验数据进行统计分析，写出试验报告。

任务六　分类计数指标单工艺参数分析

◎ 能力目标

1. 能应用试验统计显著性检验的基本知识和 Excel 工具对计数数据进行显著性检验。

2. 能利用 Excel 编写计算理论数的计算公式。

3. 能正确根据数据特性选择正确的统计方法，并能准确解读 Excel 函数的计算结果。

4. 能根据检验的结果对检验对象的差异性进行分析与评价。

◎ 知识目标

1. 了解 χ^2 -检验的原理和理论意义。

2. 理解 χ^2 -检验的应用条件和如何进行结果的推断。

3. 掌握利用 Excel 编写计算理论数的公式和自带统计函数计算 χ^2 -检验概率的操作方法。

◎ 素质要求

学生应能认识到同一问题在不同的数据条件下，具有不同的分析方法，得出不同的结果，能用唯物辩证的逻辑思维方法分析问题、解决问题。

◎ 任务背景

某制药厂用 PEG4000 作为基质，以二甲基硅油为冷却剂生产冠心苏合滴丸。通过生产经验和文献资料，发现影响滴丸表面光洁度的主要因素有药物与基质的配比、药液温度、冷却剂温度等。为了确定不同的药物与基质配比对滴丸表面光洁度的影响，研究人员采用相互对照组试验设计，分为 A、B、C 三个试验组，在其他条件相同的情况下，药物与基质的配比分别为 1∶2，1∶3 和 1∶3.5，按药典的要求把其质量分为优等品、合格品和不合格品，试验的结果如表 6—1 所示。

表 6—1　　不同的药物与基质配比对滴丸表面光洁度的影响

药物与基质比	优级品（个）	非优级品（个）	总计（个）	优级品率（%）
A（1∶2）	66	6	72	91.67
B（1∶3）	28	4	32	87.50
C（1∶3.5）	38	32	70	54.29

◎ 工作任务

根据背景资料完成下列工作任务：

1. 这 3 种不同的药物与基质配比对滴丸的表面光洁度的影响是否一样（取置信度 95%）？哪种配比最好？

2. 药物与基质的配比分别为 1∶2 与 1∶3 时对滴丸的表面光洁度的影响是否一样？

3. 药物与基质的配比分别为 1∶3 与 1∶3.5 时对滴丸的表面光洁度的影响是否相同？

◎ **工作步骤**

第一步，试验设计，并按试验方案进行试验；

第二步，正确记录试验数据，并进行数据校正与整理；

第三步，试验数据的处理与分析：建立原假设 H_0 和备选假设 H_1；以原假设为前提利用 Excel 自带公式计算统计量（χ^2 -值）或概率值。

第四步，依据小概率事件原理和计算出的概率值对实际检验的问题做出推断。

单元一　χ^2 -检验与多试验组设计

χ^2 -检验（chisquaretest）读作卡方检验，是一种用途比较广泛的分类计数数据资料的假设检验方法，主要是适合性检验和独立性检验。这里仅介绍 χ^2 -检验用于分类计数资料的独立性假设检验方法，检验两组（或多个）频数或构成比之间差别是否有统计学意义，从而推断两个（或多个）总体率或构成比是否相同。

一、χ^2 -检验的基本原理

χ^2 -检验的基本原理也是以无效假设为前提，**检验实际频数**（actual frequency）和**理论频数**（theoretical frequency）的差别是否是由抽样误差所引起的，也就是由样本率（或样本构成比）来推断总体率（或总体构成比）。即假设样本之间的观察次数与理论次数相符，试验对象之间无显著性差异。以**原假设**（或**零假设**，null hypothesis）为前提利用公式计算其成立的统计量（χ^2 值），再查表比较，依据小概率事件原理和国际通行的判断标准（α 为 0.05 和 0.01）对检验对象进行推断。

二、基本方法与步骤

第一步，试验设计。常用的基本的设计方法有：随机区组设计、配对组设计和序贯试验设计。χ^2 -检验一般情况下，采用对照组设计和序贯试验设计。序贯试验设计是对受试对象进行逐个或逐对的试验，记录累积每一次试验结果（可对每次结果进行检验），当样本达到一定量后，再进行假设检验，并对试验结果做出判断。

第二步，正确记录试验数据，并把记录的数据输入 Excel 表格，并进行校正和整理。

第三步，试验数据处理与分析。

（1）建立原假设 H_0 和备选假设（或对立假设，alternative hypothesis）H_1。H_0 是假设被检验的对象之间无显著性差异；H_1 则相反。

（2）以原假设为前提利用公式，或 Excel 自带统计公式（CHITEST），或专业统计软件计算原假设的概率值或统计量（χ^2 -值）。

第四步，依据小概率事件原理和计算出的统计量（χ^2 -值）或概率值对实际检验的问题做出推断。如 $P>0.05$ 或 $t<t_{0.05}$，原假设成立，如 $P\leqslant 0.05$ 或 $t\geqslant t_{0.05}$，原假设不成立。其中，$P\leqslant 0.05$ 或 $t\geqslant t_{0.05}$，差异显著，$P\leqslant 0.01$ 或 $t\geqslant t_{0.01}$，差异极显著。

三、适合的条件

χ^2-检验适合于对照组试验设计的分类指标计数资料的显著性分析。其试验的组数可以是两组，也可以是两组以上的多组数据，试验设计的方法与对照试验设计方法基本相同。区别就在于最后的随机分组，如图 6—1 所示。

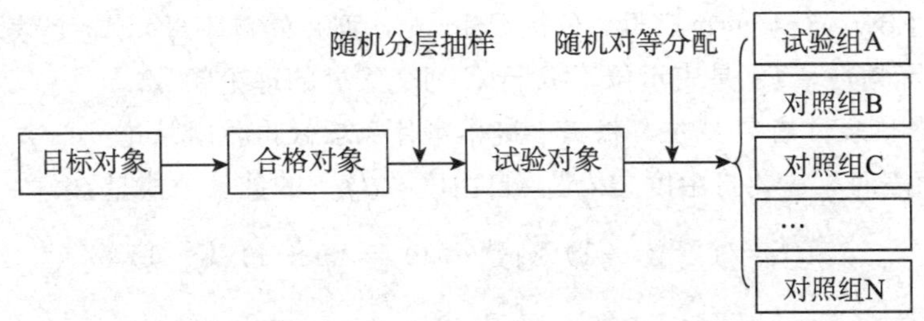

图 6—1　非均匀试验对象对照组试验设计的一般方法

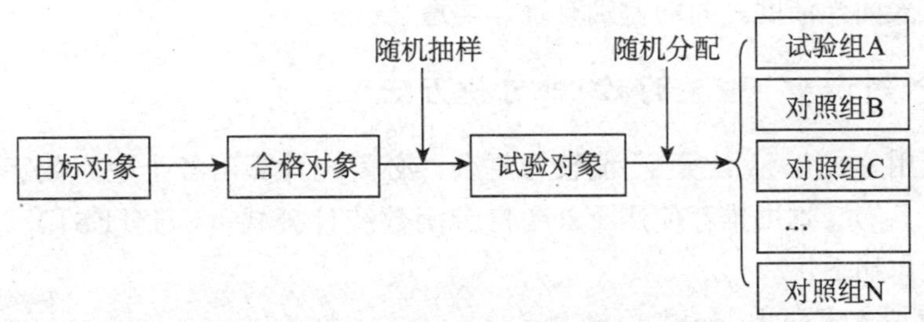

图 6—2　均匀试验对象对照组试验设计的一般方法

在实际工作中，我们可以根据试验对象的不同选择不同的试验设计方案，本单元任务的试验对象（药片）属于均匀试验对象，可采用如图 6—2 所示的方法设计试验方案。

单元二　行×列表数据资料分析

本任务中的表 6—1 有 3 个组（A 组、B 组和 C 组），两类指标（优级品和非优级品），表内的数据均为计数数据，这是一个典型的多组分类指标、计数数据表。在此表中，组别是行（3 行），指标是列（2 列）。像这样行或列超过两组时统称为行×列表，或称 R×C 表。将 χ^2-检验用于行×列表资料的方法称为行×列表 χ^2-检验（χ^2-test for R×C table）。

一、行×列表 χ^2-检验的传统方法

R×C 表 χ^2-检验的传统解题步骤和方法如下：

1. 建立检验假设并确定检验水准

H_0：3 种不同的药物与基质的配比，滴丸的优级品率相同；

H_1：3 种不同的药物与基质的配比，滴丸的优级品率不同或不完全相同；

取 $\alpha=0.05$。

2. 计算检验统计量

利用公式计算 χ^2 -值：

$$\chi^2 = \sum \frac{(A_{RC} - T_{RC})^2}{T_{RC}} \quad (6—1)$$

将本单元表 6—1 的数据代入公式 6—1，通过计算得：$\chi^2 = 29.98$。

注：R 是 Row（行）的首字母，C 是 Column（列）的首字母，A_{RC}是表示位于 R 行 C 列交叉处的实际频数，T_{RC}是表示位于 R 行 C 列交叉处的理论频数。

3. 查 χ^2 界值表，确定 P 值，根据小概率事件原理做出推断结论

查 χ^2 界值表时，需要自由度“df”。自由度“df”的计算公式是：

$$df = (\text{行数} - 1)(\text{列数} - 1) = (n-1)(k-1)$$

本题的 $df = (3-1)(2-1) = 2$，查表得：$x^2_{0.05(2)} = 5.99$，$x^2_{0.01(2)} = 9.21$，即 $\chi^2 > x^2_{0.01(2)}$，则 $P < 0.01$，在 $\alpha = 0.01$ 的检验水准下，拒绝 H_0，可以认为 3 种不同的药物与基质配比的滴丸表面光洁度之间的差别有统计学意义。

二、行×列表 χ^2 -检验的 Excel 分析方法

本例中利用公式 6—1 计算 χ^2 值较为复杂，必需先计算出各个观察数字（A_{RC}）的理论对应数字（T_{RC}）。本书推荐使用 Excel 自带函数统计公式（CHITEST）计算 χ^2 -检验概率。具体操作如下：

1. 把数据输入 Excel，如图 6—3 所示

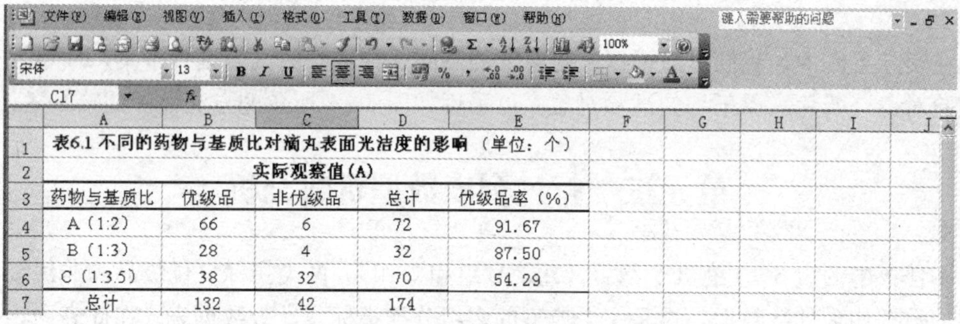

	A	B	C	D	E
1	表6.1 不同的药物与基质比对滴丸表面光洁度的影响 （单位：个）				
2		实际观察值(A)			
3	药物与基质比	优级品	非优级品	总计	优级品率（%）
4	A（1:2）	66	6	72	91.67
5	B（1:3）	28	4	32	87.50
6	C（1:3.5）	38	32	70	54.29
7	总计	132	42	174	

图 6—3　建立 Excel 数据集

2. 自编公式计算各个观察数字所对应的理论数字

理论值等于对应实际观察值“列”的和乘以对应实际观察值“行”的和除以“行”、“列”的总和。如单元格 B3 是西药组有效的实际观察值，对应的理论是 B10 单元格，其自编计算公式如图 6—4 所示。

图 6—4 中单元格 B10 内的“＝”是等于号，“B＄7”中的“＄”是混合引用符号，表示跟在“＄”后面的内容保持不变，即“B＄7”中“B”列可以变化为其他列，如“C、D、F”等列，而第“7”行不变化。如果将此公式纵向拖拉，此公式内容是不会变化的。而如果将此公式横向拖拉，那么 C 列的公式中的“B＄7”就变为“C＄7”，以此类推。“*”是乘号；“＄D4”中的“＄”也是混合引用符号，表示跟在“＄”后面的内容保持不

ZTEST =B$7*$D4/$D$7

表6.1 不同的药物与基质比对滴丸表面光洁度的影响（单位：个）				
实际观察值(A)				
药物与基质比	优级品	非优级品	总计	优级品率（%）
A（1:2）	66	6	72	91.67
B（1:3）	28	4	32	87.50
C（1:3.5）	38	32	70	54.29
总计	132	42	174	
理论观察值(A)				
药物与基质比	优级品	非优级品	总计	优级品率（%）
A（1:2）	=B$7*$D4/$D$7			
B（1:3）				
C（1:3.5）				
总计				

图 6—4　编辑“A(1∶2)”理论值计算公式

变，即第“4”行可以变化为其他行，如“5、6、7”等行，而“D”列不变化。如果将此公式横向拖拉，此公式内容是不会变化的。而如果将此公式纵向拖拉，那么第“5”行公式中的“＄D4”就变为“＄D5”，以此类推。“＄D＄7”表示：“D”列第“7”行这个单元格内的数值（174）被绝对引用，即公式复制（移动）到别的单元格，其引用地址不变。使用绝对引用和混合引用的方法是输入单元格名称后按“F4”键，按 1 次是绝对引用，连续按 2 次是“行”不变化的混合引用，连续按 3 次是“列”不变化的混合引用。回车后得到图 6—5 中的结果。

B10 =B$7*$D4/$D$7

表6.1 不同的药物与基质比对滴丸表面光洁度的影响（单位：个）				
实际观察值(A)				
药物与基质比	优级品	非优级品	总计	优级品率（%）
A（1:2）	66	6	72	91.67
B（1:3）	28	4	32	87.50
C（1:3.5）	38	32	70	54.29
总计	132	42	174	
理论观察值(A)				
药物与基质比	优级品	非优级品	总计	优级品率（%）
A（1:2）	54.62069			
B（1:3）				
C（1:3.5）				
总计				

图 6—5　“A(1∶2)”有效值理论数的计算结果

移动鼠标到 B10 单元格右下方的黑点处，此时鼠标就会由原先的空心十字形变成黑色十字形，按下鼠标左键向下拖动到 B12 放手，即出现图 6—6 所示结果。

移动鼠标到 B12 单元格右下方的黑点处，此时鼠标就会由原先的空心十字形变成黑色十字形，按下鼠标左键向下拖动到 C12 单元格放手，就计算出非优级品的理论数值，结果如图 6—7 所示。

B10　=B$7*$D4/$D$7

表6.1 不同的药物与基质比对滴丸表面光洁度的影响（单位：个）				
	实际观察值(A)			
药物与基质比	优级品	非优级品	总计	优级品率（%）
A (1:2)	66	6	72	91.67
B (1:3)	28	4	32	87.50
C (1:3.5)	38	32	70	54.29
总计	132	42	174	
	理论观察值(A)			
药物与基质比	优级品	非优级品	总计	优级品率（%）
A (1:2)	54.62069			
B (1:3)	24.275862			
C (1:3.5)	53.103448			
总计				

图 6—6　滴丸光洁度优级品的理论数计算结果

B10　=B$7*$D4/$D$7

表6.1 不同的药物与基质比对滴丸表面光洁度的影响（单位：个）				
	实际观察值(A)			
药物与基质比	优级品	非优级品	总计	优级品率（%）
A (1:2)	66	6	72	91.67
B (1:3)	28	4	32	87.50
C (1:3.5)	38	32	70	54.29
总计	132	42	174	
	理论观察值(A)			
药物与基质比	优级品	非优级品	总计	优级品率（%）
A (1:2)	54.62069	17.3793103	72	75.86
B (1:3)	24.275862	7.72413793	32	75.86
C (1:3.5)	53.103448	16.8965517	70	75.86
总计	132	42	174	

图 6—7　全部理论数的计算结果

3. 利用 Excel 自带函数公式 “CHITEST” 计算 χ^2 -检验的概率值

(1) 点击工具栏中的 “fx”，选择统计下列表中的 “CHITEST”，即出现图 6—8 所示对话框。

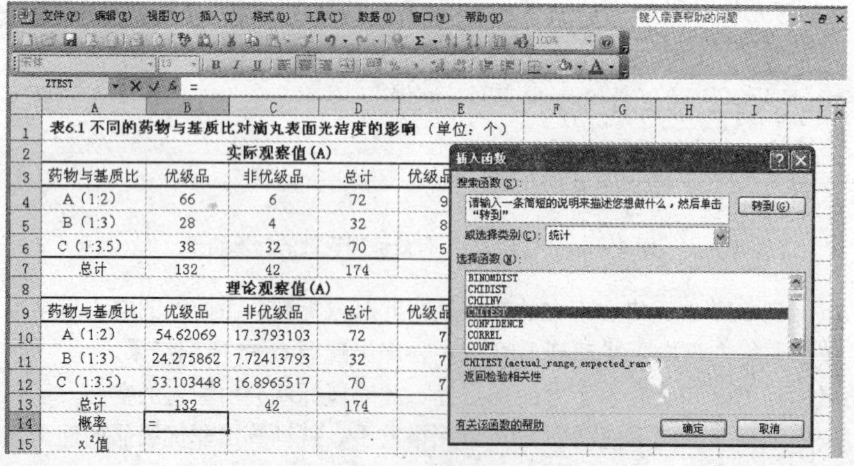

表6.1 不同的药物与基质比对滴丸表面光洁度的影响（单位：个）				
	实际观察值(A)			
药物与基质比	优级品	非优级品	总计	优级品
A (1:2)	66	6	72	9
B (1:3)	28	4	32	8
C (1:3.5)	38	32	70	5
总计	132	42	174	
	理论观察值(A)			
药物与基质比	优级品	非优级品	总计	优级品
A (1:2)	54.62069	17.3793103	72	7
B (1:3)	24.275862	7.72413793	32	7
C (1:3.5)	53.103448	16.8965517	70	7
总计	132	42	174	
概率	=			
χ^2值				

图 6—8　“插入函数”对话框

(2) 用鼠标点击图 6—8 所示的对话框中的“确定”按钮，即弹出“CHITEST”函数的参数对话框，在“Actual _ range”后的框内用鼠标拖动实际观察值的数据区域（B4∶C6)；在“Expected _ range”后的框内用鼠标拖动实际观察值相对应的期望值（理论数据）区域（B10∶C12)，如图 6—9 所示。

CHITEST =CHITEST(B4:C6,B10:C12)

	A	B	C	D	E
1	表6.1 不同的药物与基质比对滴丸表面光洁度的影响（单位：个）				
2		实际观察值(A)			
3	药物与基质比	优级品	非优级品	总计	优级品率（%）
4	A (1:2)	66	6	72	
5	B (1:3)	28	4	32	
6	C (1:3.5)	38	32	70	
7	总计	132	42	174	
8		理论观察值(A)			
9	药物与基质比	优级品	非优级品	总计	
10	A (1:2)	54.62069	17.3793103	72	
11	B (1:3)	24.275862	7.72413793	32	
12	C (1:3.5)	53.103448	16.8965517	70	
13	总计	132	42	174	
14	概率	.10:C12)			
15	x^2值				

函数参数

CHITEST

Actual_range B4:C6 = {66,6;28,4;38,32}

Expected_range B10:C12 = {54.620689655172...

= 3.08267E-07

返回检验相关性

Expected_range 理论值的值域

计算结果 = 3.08267E-07

有关该函数的帮助(H) 确定 取消

图 6—9 函数“CHITEST”的参数对话框

(3) 用鼠标点击对话框中的“确定”按钮，即得出图 6—10 所示的计算结果。

B14 =CHITEST(B4:C6,B10:C12)

	A	B	C	D	E
1	表6.1 不同的药物与基质比对滴丸表面光洁度的影响（单位：个）				
2		实际观察值(A)			
3	药物与基质比	优级品	非优级品	总计	优级品率（%）
4	A (1:2)	66	6	72	91.67
5	B (1:3)	28	4	32	87.50
6	C (1:3.5)	38	32	70	54.29
7	总计	132	42	174	
8		理论观察值(A)			
9	药物与基质比	优级品	非优级品	总计	优级品率（%）
10	A (1:2)	54.62069	17.3793103	72	75.86
11	B (1:3)	24.275862	7.72413793	32	75.86
12	C (1:3.5)	53.103448	16.8965517	70	75.86
13	总计	132	42	174	
14	概率	3.083E-07			
15	x^2值				

图 6—10 计算出概率结果

注：图中的“3.083E－07”的含义是：3.083×10^{-7}。

4. 利用 Excel 自带函数公式“CHIINV”计算 χ^2-检验的 χ^2 值

(1) χ^2 值的计算，用鼠标点击单元格 B15，然后点击编辑栏中的“fx”，在“或选择类别”后的下拉框内选择“统计”，再在“选择函数”下面的选择框选择函数“CHI-

INV”，如图 6—11 所示。

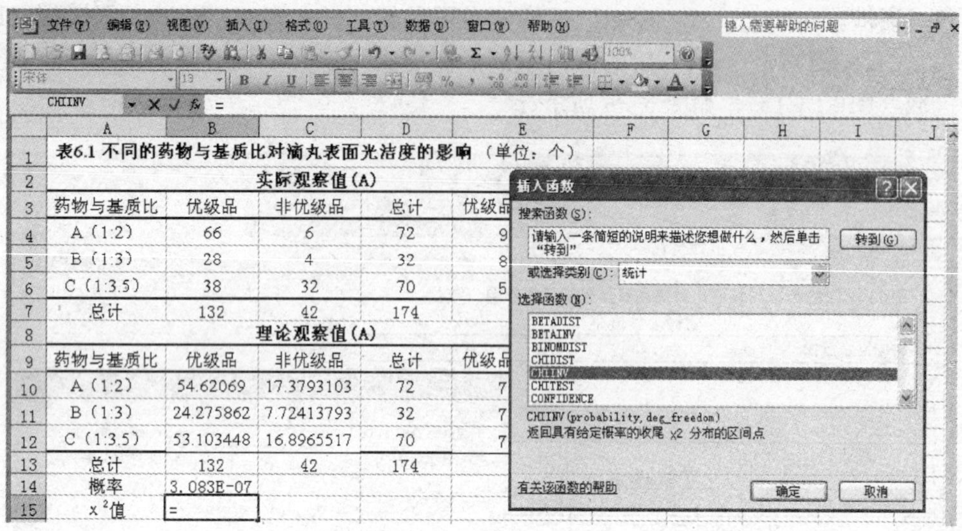

图 6—11　插入函数“CHIINV”

（2）点击图 6—11 所示对话框中的“确定”按钮，即出现“函数参数”对话框，在“probability”后面的输入框输入 B14，在“Deg-freedom”输入框输入“2”，如图 6—12 所示。

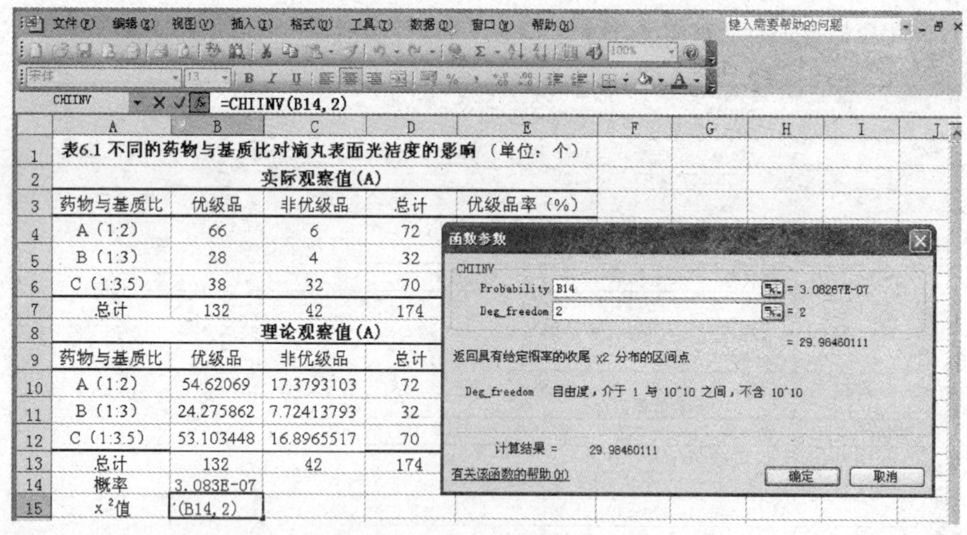

图 6—12　函数“CHIINV”对话框

注：“probability”是 χ^2 检验的概率，“Deg-freedom”是自由度（$r\times c$ 表的自由度＝行减数 1×列数减 1)，本例的自由度＝(3－1)×(2－1)＝2。

（3）点击图 6—12 所示对话框中的“确定”按钮，得到如图 6—13 所示的计算结果。

三、根据小概率事件原理做出推断结论

本题 χ^2 -检验的概率 $P=3.083\times10^{-7}<0.01$，根据小概率事件原理，拒绝 H_0，可以

B15 =CHIINV(B14, 2)

	A	B	C	D	E
1	表6.1 不同的药物与基质比对滴丸表面光洁度的影响（单位：个）				
2		实际观察值(A)			
3	药物与基质比	优级品	非优级品	总计	优级品率（%）
4	A（1:2）	66	6	72	91.67
5	B（1:3）	28	4	32	87.50
6	C（1:3.5）	38	32	70	54.29
7	总计	132	42	174	
8		理论观察值(A)			
9	药物与基质比	优级品	非优级品	总计	优级品率（%）
10	A（1:2）	54.62069	17.3793103	72	75.86
11	B（1:3）	24.275862	7.72413793	32	75.86
12	C（1:3.5）	53.103448	16.8965517	70	75.86
13	总计	132	42	174	
14	概率	3.083E-07			
15	χ^2值	29.984601			

图 6—13 χ^2 值计算结果

认为三种不同药物与基质比的滴丸表面光洁度之间的差别有统计学意义。

从本例可看到，利用 Excel 进行 χ^2 -检验可以很方便地计算出概率，不用查表。如必须计算 χ^2 值，可以利用 Excel 自带的函数公式"CHIDIST"进行计算，具体操作见项目二单元三。

四、行×列表 χ^2 -检验时的注意事项

第一，在应用 χ^2 -检验公式时，一般规定若有 1/5 的理论频数小于 5，其结论的可靠性将存疑。此时，一般可采用两种方法：

(1) 如果将这样的频数所在类别与相邻的类别合并起来仍然具有实际意义的话，可将相邻两个类别进行合理合并，期望产生较大的理论频数。

(2) 若有可能，进一步收集观察对象以增加样本容量，并期望产生较大的理论频数。

第二，行×列表 χ^2 -检验有统计学意义，并不等于任意两组之间都有统计学意义，要继续做行×列分割的 χ^2 -检验（同时要校正临界值），才能得出任意两组之间有无统计学意义的结论。

单元三　四格表数据资料分析

在行×列表的 χ^2 -检验中，最简单的是二行二列，即 2×2 表 χ^2 -检验，简称为四格 χ^2 -检验（χ^2 - test for fourfold）。四格表数据的一般格式如表 6—2 所示。

表 6—2　2×2 表格式

	B1	B2	
A1	a	b	$a+b$
A2	c	d	$c+d$
	$a+c$	$b+d$	$n=a+b+c+d$

在表 6—2 中，a，b，c 和 d 是 4 个基本的实际频数。不同条件下，计算四格表 χ^2 统计量的公式不同。

总例数：
- ≥40：
  - 理论数≥5 ⟶ Person 法
  - 1≤理论数<5 ⟶ 校正法
  - 理论数<1 ⟶ 精确（Fisher）概率法
- <40 ⟶ 精确（Fisher）概率法

由于四格表的精确概率法计算较为复杂，在实际工作中常借助于统计软件，所以本书仅介绍四格表的 Person 法和校正法。

一、四格表 Person χ^2 -检验

四格表 Person χ^2 -检验适合的条件是，样本的总例数（n）大于或等于 40，最小的理论数要大于或等于 5。计算四格表 Person χ^2 统计量的公式可用式（6—2），也可用四格表 χ^2 统计量的专用公式：

$$\chi^2=\frac{(ad-bc)^2n}{(a+c)(b+d)(a+b)(c+d)} \tag{6—2}$$

例 6.2 某药厂技术人员使用对照法对新的生产工艺进行考察研究，分别对新、老两种工艺随机连续抽样研究，结果如表 6—3 所示，试分析产品质量的优级与工艺条件有无关系（取 $\alpha=0.05$）。

表 6—3　生产工艺与产品优级的关系

工艺条件	优级品	非优级品	合计
新工艺	30	40	70
老工艺	22	58	80
合计	52	98	150

解：（1）根据公式（6—2）计算 χ^2 值：

$$\chi^2=\frac{(30\times58-22\times40)^2\times150}{52\times98\times70\times80}=3.887\,5$$

（2）根据 $\alpha=0.05$，$\nu=(n-1)(k-1)=(2-1)(2-1)=1$，查表得 $\chi^2_{0.05(1)}=3.84$，即 $\chi^2>x^2_{0.05(1)}$，则 $P<0.05$。

也可以利用 Excel 自带公式“CHIDIST”计算概率，当 $\chi^2=3.887\,5$，自由度等于 1 时，概率 $P=0.048\,647$。

（3）根据小概率事件原理，在 $\alpha=0.05$ 的检验水准下，拒绝 H_0，可以认为产品质量的优级与工艺条件之间的关系有统计学意义。

二、四格表校正 χ^2 -检验

四格表校正 χ^2 -检验适合的条件是，样本的总例数（n）大于或等于 40，最小的理论数要大于 1，小于 5。计算四格表校正 χ^2 统计量的专用公式为：

$$\chi^2 = \sum \frac{(|A-T|-0.5)^2}{T} \tag{6—3}$$

$$\chi^2 = \frac{\left(|ad-bc|-\frac{n}{2}\right)^2 n}{(a+c)(b+d)(a+b)(c+d)} \tag{6—4}$$

例 6.3 留样观察站存放甲、乙两个厂生产的 Vc 注射液，自出厂日算起一年后观察色泽变化，获得四格表，如表 6—4 所示。表中数字的单位是安瓿的支数，试判断 Vc 注射液色泽变化与生产厂家是否有联系（取 $\alpha=0.05$）。

表 6—4 **不同厂家生产 Vc 注射液色泽变化情况** （单位：支）

生产厂家	没有色泽变化	有色泽变化	合计
甲厂	2（4.67）	26（23.33）	28
乙厂	5（2.33）	9（11.69）	14
合计	7	35	42

注：表中括号中的数字表示“理论频数”计算的方法同 R×C 表。

解：（1）根据公式（6—4）计算 χ^2 值：

本例有两个理论频数小于 5，但大于 1，即 $1<T<5$，且 $n=42>40$，故须用校正 χ^2 检验公式计算 χ^2 值。

$$\chi^2 = \frac{\left(|2\times 9-5\times 26|-\frac{42}{2}\right)^2\times 42}{7\times 35\times 28\times 14} = 3.62$$

（2）根据 $\alpha=0.05$，$\nu=(n-1)(k-1)=(2-1)(2-1)=1$，查表得 $\chi^2_{0.05(1)}=3.84$，即 $\chi^2<x^2_{0.05(1)}$，则 $P>0.05$。

（3）根据小概率事件原理，在 $\alpha=0.05$ 的检验水准下，接受 H_0，可以认为 Vc 注射液色泽变化与生产厂家之间没有统计学意义。

本例若不采用连续性校正公式计算，而用四格表专用公式 6—2，计算得：

$$\chi^2 = \frac{(2\times 9-5\times 26)^2\times 42}{7\times 35\times 28\times 14} = 5.49$$

根据 $\alpha=0.05$，$\nu=(n-1)(k-1)=(2-1)(2-1)=1$，查表得 $\chi^2_{0.05(1)}=3.84$，即 $\chi^2>x^2_{0.05(1)}$，则 $P<0.05$。根据小概率事件原理，在 $\alpha=0.05$ 的检验水准下，拒绝 H_0，可以认为 Vc 注射液色泽变化与生产厂家之间有统计学意义，这就会得出不同的生产厂家生产的 Vc 注射液色泽变化不同的结论，出现 Vc 注射液色泽变化与生产厂家之间有联系的假象。

如果对以上检验的结果有怀疑，我们还可以增大留样的数量，再作进一步的观察和检验。

三、利用 Excel 计算 χ^2 -检验的概率

Excel 在 χ^2 -检验中具有一定的局限性，在四格 χ^2 -检验中，它仅适用于 Person χ^2-检验，不适合校正 χ^2 -检验。当应用 Person χ^2 -检验时，具体的操作方法与步骤与行×列表

χ^2-检验相同。

但 Excel 能把 χ^2-检验计算出的 χ^2 值转化成概率，省去查 χ^2-检验表的麻烦。现以例 6.2 和例 6.3 为例，演示在已知 χ^2-检验的 χ^2 值情况下，利用 Excel 计算 χ^2-检验的概率值。

第一步，打开 Excel 工作表，输入 χ^2-检验的 χ^2 值，并点击工具栏中的“fx”，选择统计下列表中的“CHIDIST”，并点击“确定”按钮，即出现如图 6—14 所示的对话框。

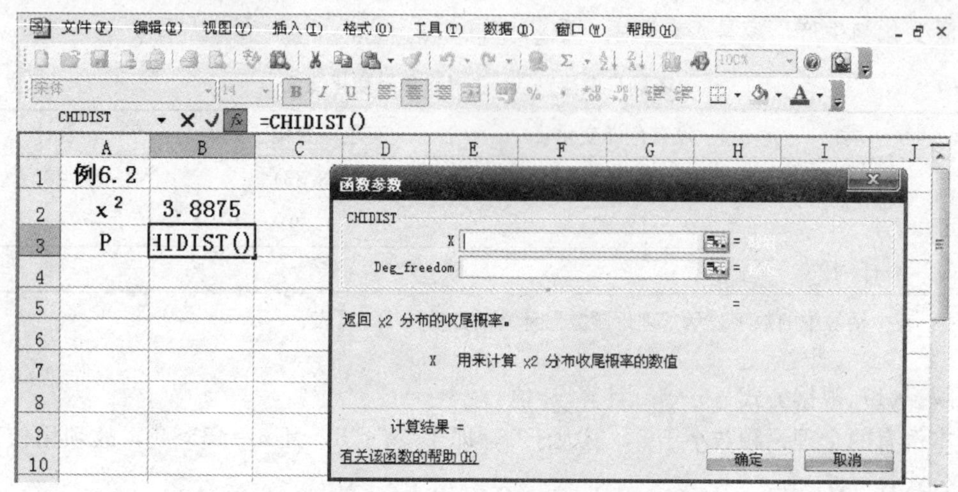

图 6—14 函数“CHIDIST”参数对话框 I

第二步，按照图 6—14 所示函数“CHIDIST”参数对话框的要求，填写对话框参数，“X”为 χ^2 值（3.8875），“Degrees _ freedom”为自由度（1），如图 6—15 所示。

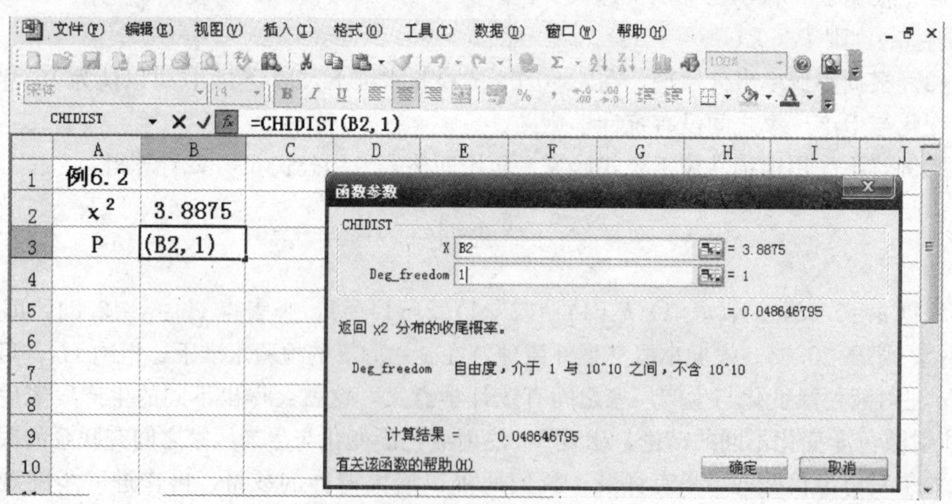

图 6—15 函数“CHIDIST”参数对话框 Ⅱ

第三步，用鼠标点击图 6—15 对话框中的“确定”按钮，即得到图 6—16 所示的计算结果。即 χ^2-检验的概率值：$P=0.048\ 65$，$P<0.05$，根据小概率事件原理，在 $\alpha=0.05$ 的检验水准下，拒绝 H_0，可以认为产品质量的优级与工艺条件之间的关系有统计学意义。

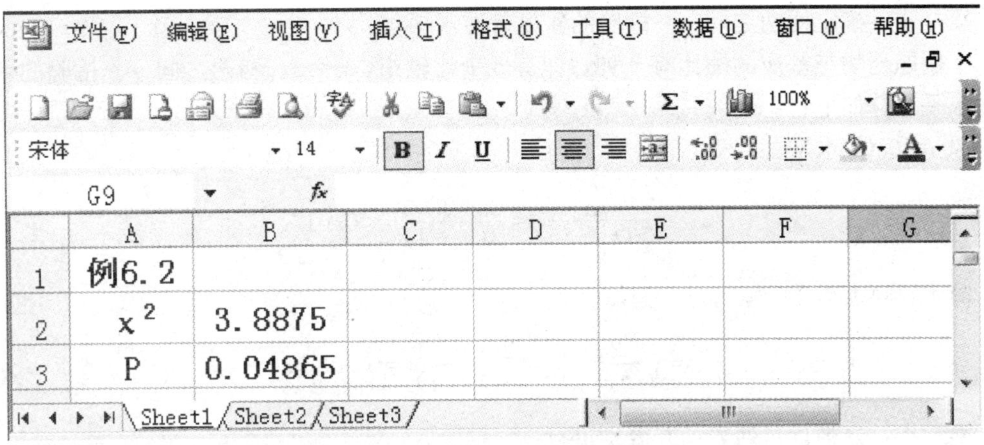

	A	B	C	D	E	F	G
1	例6.2						
2	x^2	3.8875					
3	P	0.04865					

图 6—16 根据 χ^2 值计算出的概率值

例 6.3 的操作同上，最后计算出的概率值：$P=0.05709$，$P>0.05$，根据小概率事件原理，在 $\alpha=0.05$ 的检验水准下，接受 H_0，可以认为 Vc 注射液色泽变化与生产厂家之间没有统计学意义。

单元四 行×列表数据资料分割分析

在行×列表的 χ^2 -检验中，若 $P<0.05$，我们拒绝无效假设 H_0，只能做出总的结论，如例 6.1。总的来说，3 种疗效之间有差别，但不知道究竟哪两种疗效之间有差别。若想知道哪两个疗效之间有差别，还要进行多次的两两比较，需要分割行×列表（subdividing R×C table），使之成为非独立的 2×C 或 R×2 表，或者是四格表，并对每两个率之间有无统计学意义做出分析。根据研究设计类型的不同，有不同的行×列分割比较类型，本书仅介绍较为常用的多个试验组间的两两比较。

一、多重比较显著性水平的确定

对于经过行×列 χ^2 -检验有统计学意义的多个试验组的资料，若想进一步弄清楚究竟哪两组之间的差别有统计学意义，须做两两比较。即把原来的行×列 χ^2 -检验表分割成若干个 2×C 或 R×2 表，或者是四格表逐个进行 χ^2 -检验，但在做比较时，不能再用原来的检验水平 $\alpha=0.05$ 作为是否拒绝 H_0 的标准。因为重复多次的假设检验，将使第Ⅰ类错误 α 扩大，因此必须重新规定检验水平，作为拒绝 H_0 的标准根据。大多数人认为新的检验显著性水平标准（记为 α'）应为：

$$\alpha' = \frac{2\alpha}{k(k-1)} \tag{6—5}$$

其中“α”为原检验的显著性水平（0.05 或 0.01），“k”为参加检验的组数。

二、行×列表的分割与 χ^2 -检验方法

下面以表 6—1 的数据为例来介绍行×列表的分割与 χ^2 -检验方法。

第一步，确定两两之间 χ^2 -检验的新显著性水平（α'）。

本例题药物与基质的配比有 3 种，即有 3 个比较组，$k=3$，两两之间 χ^2 -检验的新显著性水平计算如下：

原 $\alpha=0.05$ 水平

$$\alpha'=\frac{2\alpha}{k(k-1)}=\frac{2\times 0.05}{3(3-1)}=0.017$$

原 $\alpha=0.01$ 水平

$$\alpha'=\frac{2\alpha}{k(k-1)}=\frac{2\times 0.01}{3(3-1)}=0.0033$$

第二步，分割行×列表，并分别进行 χ^2 -检验。

本例将行×列表分割成 3 个四格表，具体如表 6—5、表 6—6 和表 6—7 所示。

表 6—5　　不同的药物与基质比对滴丸表面光洁度的影响

药物与基质配比	优级品（个）	非优级品（个）	总计（个）	优级品率（%）
A（1∶2）	66	6	72	91.67
B（1∶3）	28	4	32	87.50

表 6—6　　不同的药物与基质比对滴丸表面光洁度的影响

药物与基质配比	优级品（个）	非优级品（个）	总计（个）	优级品率（%）
A（1∶2）	66	6	72	91.67
C（1∶3.5）	38	32	70	54.29

表 6—7　　不同的药物与基质比对滴丸表面光洁度的影响

药物与基质配比	优级品（个）	非优级品（个）	总计（个）	优级品率（%）
B（1∶3）	28	4	32	87.50
C（1∶3.5）	38	32	70	54.29

由于以上 3 个四格表的样本的总例数（n）均大于或等于 40，表 6—6 中有 1 个理论数小于 5，所以要用校正 χ^2 -检验；而表 6—7 和表 6—8 中最小的理论数也都大于 5，这 2 个四格表都适合 Person χ^2 -检验的条件，用 Excel 自带函数统计公式（CHITEST）计算，计算过程略，计算出的概率分别是 0.7604，4.8949×10^{-7}，0.0011。

第三步，按照优级品率由高到低的顺序把原题目的行×列表重排，以形成比较结果列表。

第四步，结果描述。药物与基质比在 1∶2 和 1∶3 之间对滴丸表面光洁的影响无统计意义，药物与基质比在 1∶3.5 与 1∶2 和 1∶3 之间对滴丸表面光洁的影响有极显著的差异，即在实际生产中可以考虑药物与基质比为 1∶2 或 1∶3。具体是多少要根据最后的多因素正交试验的结果来确定。

表 6—8　　3 种不同的药物与基质比对滴丸表面光洁度的影响

药物与基质配比	优级品（个）	非优级品（个）	总计（个）	优级品率（%）	显著性水平	
					0.05	0.01
A（1∶2）	66	6	72	91.67	a	A
B（1∶3）	28	4	32	87.50	a	A
C（1∶3.5）	38	32	70	54.29	b	B

单元五　配对四格表数据资料

配对四格表设计是将对同一组观察对象分别用两种方法分类或处理，其目的是观察比较同一对象在两种处理（或分类方法）结果有无差别，进而研究两种处理（或分类方法）结果间是否有关联。

一、配对四格表资料格式

将所观察的结果按照两个二项分类的属性进行交叉分类，形成二行二列的交叉分类表，称为配对四格资料表，其正确的表格形式如表 6—9 所示。

表 6—9　　配对四格资料表

甲种处理（或分类）	乙种处理（或分类）		合计
	结果 1（+）	结果 2（−）	
结果 1（+）	a	b	$a+b$
结果 2（−）	c	d	$c+d$
合计	$a+c$	$b+d$	$n=a+b+c+d$

若把表 6—9 的数据归纳为表 6—10 的形式，就未能明确反映同一试验对象的两种处理结果的异同，只是单独列出每种处理的结果，把配对设计归纳成了成组设计，同一对象就变成了两组彼此独立的试验对象了，因而表 6—10 是不恰当的。

表 6—10　　配对四格资料表

处理（分类）	结果 1（+）	结果 2（−）	合计
甲	a	b	$a+b$
乙	c	d	$c+d$
合计	$a+c$	$b+d$	$n=a+b+c+d$

二、配对四格表的 χ^2 -检验

配对四格表设计的试验结果计数资料的显著性检验要用 χ^2 -检验，但与行×列表资料的 χ^2 -检验有所不同，这是因为，行×列表资料是对照组设计，其目的是观察两组观察对象的不同处理结果，进而研究处理对试验对象产生的效果差异，不研究结果的关联性。

从表6—10可看到，表中的a和d是两种处理（或分类方法）的共同项，只有b和c是两种处理（或分类方法）的不同项，所以，同一对象在两种处理（或分类方法）结果有无差别及结果间是否有关联，只与不同项b和c有关。实际就是检验b与c这两部分间差别有无统计学意义。因此，所用的χ^2-检验公式为：

如果$b+c>40$，则

$$\chi^2=\frac{(b-c)^2}{b+c},\quad \nu=1 \tag{6—6}$$

如果$b+c\leqslant 40$，需对其χ^2值进行校正，校正计算公式为：

$$\chi^2=\frac{(|b-c|-1)^2}{b+c},\quad \nu=1 \tag{6—7}$$

例6.4 为了研究发酵环境对菌种的影响，现取同一菌种30份，将其一分为二，分别接种在甲、乙两种培养基上，观察的效果如表6—6所示，试问两种培养基的阳性率是否相同？

表6—11 两种培养基培养结果比较

甲培养基	乙培养基		
	阳性（+）	阴性（—）	合计
阳性（+）	16	2	18
阴性（—）	9	3	12
合计	25	5	30

解：(1) 建立检验假设并确定检验水准。

H_0：两种培养基的阳性培养率相等；

H_1：两种培养基的阳性培养率不相等；

$\alpha=0.05$。

(2) 计算检验统计量χ^2值。

在本例中，$b+c=11$，即$b+c<40$，所以要用校正公式6—4计算χ^2值。

$$\chi^2=\frac{(|2-9|-1)^2}{2+9}=3.2727$$

(3) 确定P值，做出推断结论。

利用Excel自带函数公式“CHIDIST”，当自由度等于1时，$\chi^2=3.2727$的概率$P=0.0704>0.05$，不拒绝H_0，可以认为尚未发现两种培养基的阳性率有显著差异。

小结

χ^2-检验读作卡方检验，是一种用途比较广泛的分类计数数据资料的假设检验方法，主要是适合性检验和独立性检验，这里仅介绍χ^2-检验用于分类计数资料的独立性假设检验方法，检验两组（或多个）频数或构成比之间差别是否有统计学意义，从而推断两个（或多个）总体率或构成比是否相同。χ^2-检验的基本原理也是以无效假设为前提的，即检验实际频数和理论频数的差别是否由抽样误差所引起，也就是由样本率（或样本构成比）来推断总体率（或总体构成比），即假设样本之间的观察次数与理论次数相符，试验对象之间无显著性差异。

χ^2 -检验的基本原理以原假设为前提，利用公式计算其成立的概率，依据小概率事件原理和国际通行的判断标准（0.05 和 0.01）对检验对象进行推断。

χ^2 -检验的基本步骤：

第一步，试验设计，常用基本的设计方法有随机区组设计、配对组设计和序贯试验设计。一般情况下，χ^2 -检验采用对照组设计和序贯试验设计。序贯试验设计是对受试对象进行逐个或逐对的试验，记录累积每一次试验结果（可对每次结果进行检验），当样本达到一定量后，再进行假设检验，并对试验结果做出结论。

第二步，正确记录试验数据，并把记录的数据输入 Excel 表格，并进行校正和整理。

第三步，试验数据处理与分析。

第四步，依据小概率事件原理和计算出的统计量（χ^2 -值）或概率值对实际检验的问题做出推断。如 $P>0.05$ 或 $t<t_{0.05}$，原假设成立，如 $P\leqslant 0.05$ 或 $t\geqslant t_{0.05}$，原假设不成立。其中，$P\leqslant 0.05$ 或 $t\geqslant t_{0.05}$，差异显著，$P\leqslant 0.01$ 或 $t\geqslant t_{0.01}$，差异极显著。

课后训练

一、基础知识练习（单项选择）

1. 在 χ^2 检验中，我们需对试验或观察的数据资料进行预处理，计算出______。

A. 理论数　　B. 实际数　　C. 统计量　　D. 百分数

2. χ^2 -检验适用于（　　）数据资料的假设检验。

A. 计量　　B. 计数　　C. 计量或计数　　D. 都不对

3. 欲比较两种疗法治疗Ⅱ型糖尿病的有效率有无差别，每组各观察了 30 例，应选用______。

A. 两样本均数比较的检验　　B. 四格表资料的 χ^2 -检验

C. 配对四格表资料的 χ^2 -检验　　D. 四格表资料 χ^2 -检验的校正公式

4. 对于总合计数 n 为 500 的 5 个样本率的资料作 χ^2 -检验，其自由度为______。

A. 499　　B. 496　　C. 396　　D. 4

5. 用兰芩口服液治疗慢性咽炎患者 34 例，有效者 31 例；用银黄口服液治疗慢性咽炎患者 26 例，有效者 18 例。分析该资料，应选用______。

A. t -检验　　B. χ^2 -检验

C. Fisher 精确概率法　　D. 四格表资料 χ^2 -检验

6. R×C 列联表 χ^2 检验的自由度为______。

A. R－1　　B. C－1

C. R＋C－1　　D. (R－1)(C－1)

7. 3 个样本率比较得到 $\chi^2>\chi^2_{0.01}$（2），可以为______。

A. 3 个总体率不同或不全相同　　B. 3 个总体率都不相同

C. 3 个样本率都不相同　　D. 3 个样本率不同或不全相同

8. 四格表 χ^2 检验的校正公式应用条件为______。

A. $n>40$ 且 $T>5$　　B. $n<40$ 且 $T>5$

C. $n>40$ 且 $1<T<5$　　D. $n<40$ 且 $1<T<5$

9. 欲比较 3 种药物的疗效（无效、好转、显效、痊愈）孰优孰劣，可选择______。

A. t-检验　　B. 方差分析　　C. χ^2-检验　　D. u-检验

二、基本技能练习（计算过程必须在 Excel 中完成）

1. 某医院分别用单纯化疗和复合化疗的方法治疗两组病情相似的淋巴肿瘤患者，两组的缓解率如表 6—12 所示，问两疗法的总体缓解率是否不同？

表 6—12　两种疗法缓解率的比较

组别	效果		合计（人）	缓解率（%）
	缓解（人）	未缓解（人）		
单纯化疗	15	20	35	42.86
复合化疗	18	5	23	78.26
合计	33	25	58	121.12

2. 某药厂发酵时对同一种细菌进行不同培养基进行培养，得到该种细菌的菌落数结果如表 6—13 所示，问这两种培养基培养的结果有无差别？

表 6—13　两种不同培养基培养的结果　（单位：个）

培养基 2	培养基 1		合计
	+	—	
+	15	10	25
—	2	13	15
合计	17	23	40

三、应用拓展训练

某食品厂在研究酶法液化工艺制造山楂原汁中，发现酶解液体的 pH 值对山楂原汁的颜色具有一定的影响作用。根据质量标准，按山楂原汁的颜色可把其质量分为三大类：优级品、合格品和不合格品。技术研究人员做了 3 个不同 pH 值的试验，其结果如表 6—14 所示。

表 6—14　酶解液体的 pH 值对山楂原汁颜色的影响作用

pH	质量等级		优级率（%）
	优级（个）	非优级（个）	
6	12	18	40.00
6.5	20	4	83.33
7	5	15	25.00

请利用 Excel 分析表中的试验结果，判定不同酶解液体的 pH 值对山楂原汁的颜色的影响作用是否显著？pH 值在多少时山楂原汁的颜色较好？（取置信度 95%）

任务七　单工艺参数的寻优

◎ **能力目标**

1. 能应用 Excel 工具栏中的图表向导作出已知数据组的散点图，并根据散点图判断一元回归的类型。

2. 能利用 Excel 工具栏中的图表向导根据实际工作条件建立数学模型，并能求解回归方程的相关系数。

3. 能利用 Excel 工具中的数据分析工具或自带函数公式“LINEST”建立的回归方程，并能对其进行相关性检验，能准确解读 Excel 函数的计算结果。

4. 能根据检验的结果对回归的相关性进行分析与评价。

5. 能根据回归方程（数模）对某一生产过程的最佳工艺进行预测。

◎ **知识目标**

1. 了解回归的原理和理论意义。

2. 理解回归的应用条件、基本方法、步骤和评价依据；Excel 自带统计函数公式和数据分析工具的选择与应用。

3. 掌握利用 Excel 自带统计函数和分析工具的操作方法；掌握优良生产工艺的预测方法。

◎ **素质要求**

培养学生唯物辩证的逻辑思维方法分析问题和解决问题的能力。

◎ **任务背景**

根据项目二的背景资料，某药厂技术员选用冠心苏合滴丸外观质量（主要是圆润度、光洁度等）作为研究的目标，调整生产工艺中的药液的温度。根据生产经验和文献资料，技术员发现药液的最适温度报道不一致，决定通过单因素梯度试验来确定冠心苏合滴丸生产的最适药液温度，同时也为下一步多因素的优组合选择的试验做准备工作。

◎ **工作任务**

根据工作的过程和统计学知识，选用 Excel 作为数据分析工具，完成以下工作任务：

1. 用 Excel 工具栏中的图表向导，绘制以温度为自变量、外观质量为依变量的散点图。

2. 用 Excel 工具栏中的图表向导工具求出回归方程和相关系数。

3. 利用 Excel 工具中的数据分析工具或自带函数公式“LINEST”对回归方程进行相关性检验与评价。

4. 找出冠心苏合滴丸生产工艺的最适药液温度。

◎ **工作步骤**

第一步，设计试验方案，并按试验方案进行试验；

第二步，正确记录试验数据，并进行校正与整理；

第三步，用 Excel 工具栏中的图表向导制作散点图，为了工作方便一般推荐试验因素为自变量，试验的指标作为依变量；

第五步，利用 Excel 建立回归方程；

第六步，利用 Excel 工具中的数据分析工具或自带函数公式“LINEST”计算 F 值对回归方程进行评价；

第七步，利用回归方程求得冠心苏合滴丸生产的最适药液温度，并对某一药液温度的外观质量进行预测。

单元一　单因素梯度试验设计

一、确定试验的基本要素

本试验研究的问题很简单，就是要确定药液的温度对滴丸外观质量的影响，具体来说就是温度在多少度时，滴丸的外观质量最好。根据本研究的目的和条件，我们可知本试验的对象是滴丸，试验的因素是药液的温度，效果指标是滴丸的外观质量（主要是圆润度、光洁度等）。

二、试验方案的制订

试验的 3 个基本要素确定之后，接下来的就是要确定试验处理的个数，按照统计学的原理，试验的处理个数越多，试验的结果就越准确，但花费的人力和物力就越大。所以要有个度的衡量，这个度就是在保证试验结果正确的前下，尽量减少处理的个数。本试验需要建立回归方程，一般情况，建立回归方程至少需要 7 个试验点的数据，也就是需要 7 个以上的处理。本试验选择 8 个处理。

处理的个数确定之后，就要确定每个处理的水平数（就是处理因素的大小、强弱或者说是多少），就本试验来说就是这 8 个处理的温度分别是多少。要确定这个问题的方法很多，主要有三种：第一，就是查阅文献资料，借鉴别人的试验结果；第二，是根据现有的生产工艺；第三，进行探索性试验。本例技术员根据查阅的大量的相关资料和本药厂的生产经验发现，药液的温度在 80℃时滴丸的外观质量较好，那么我们就可以把 80℃作为 8 个处理的中水平，然后确定温度梯度，确定另外 7 个处理的具体温度。根据专业知识药液的温度不能过高，也不能过低，所以处理水平的梯度不能太大，但也不能太小。如果处理水平梯度太大，过高水平处理和过低水平处理之间的比较将失去试验的意义；处理水平太小，处理间没有差异，整个试验可能也会失去意义。经考虑本例的温度梯度不能超过 5℃，因为超过了 5℃，最高的处理温度就超过了 100℃，药液可能要沸腾，所以温度梯度选择为 2.5℃，其他 8 个处理的温度就分别是 72.5℃、75.0℃、77.5℃、80.0℃、82.5℃、85.0℃、87.5℃和 90.0℃。再根据试验设计的重复原则，每个处理设 3 个重复，本试验方案共有 24 个试验处理。

试验指标的确定，由于本例的试验结果观察指标是滴丸外观质量（观察的主要是滴丸外观的圆润度、光洁度等），即是一个主观的分类指标。这类指标需要进行量化转换，否则不能建立回归方程。指标转换的方法也很多，不同的对象转换的方法也不同。本例选用的是对滴丸外观的圆润度和光洁度这两项目指标进行专家评分法，以分数的形式进行量化，使其转换成计量指标。如事前根据药典对滴丸外观质量的要求指标制定打分标准，规定滴丸观的圆润度和光洁度满分分别为 5 分，两项之和为 10 分。然后请几位专家按制定的打分标准给滴丸外观质量打分。专家打分的平均值就是滴丸外观质量的最终得分。具体的试验方案和试验数据如表 7—1 所示。

表 7—1　　药液温度对冠心苏合滴丸外观质量的影响　　（单位：分）

重复	温度（℃）							
	72.5	75.0	77.5	80.0	82.5	85.0	87.5	90
1	5.0	6.0	8.0	9.0	9.0	8.0	7.0	7.0
2	5.0	6.5	8.5	9.5	9.5	8.5	7.5	6.5
3	5.5	6.0	8.5	9.0	9.0	8.5	8.0	6.0
平均	5.17	6.17	8.33	9.17	9.17	8.33	7.50	6.50

单元二　单因素回归分析

回归分析（regression analysis）与**相关分析**（correlation analysis）是研究变量之间关系的常用统计分析方法，统计分析的目的就在于根据统计数据确定变量之间的关系形式及关联程度，并探索其内在的数量规律性。但两者研究的对象稍有区别，回归分析研究的两组对象成因果关系，一组是原因，另一组是结果，两者具有确定性关系，就是可以用函数来表示的变量间关系。例如，圆周长 L 与直径 D 之间的关系。相关分析的两组对象，既相互联系，又相对独立。两者之间是非确定性关系，一般不用函数式表达。如，血压与年龄之间的关系，血压一般随年龄的增加而增大，但同样年龄的人血压又不一样高，即两者之间虽然有联系，但又有相对的独立性。

另外，回归分析与相关分析研究目的也有所不同。回归分析研究的重点是建立自变量（x）与依变量（y）之间的数学关系式（回归方程），这种关系式常常用于预测，即知道一个新的 x 取值，然后预测在此情况下的 y 的取值；而相关分析的重点则放在研究 x 与 y 两个随机变量之间的共同变化规律，即 x 变化了，y 在此条件下如何变化，以及这种共变关系的强弱。但在实际的量化研究中两者没有绝对的区分。目前，这两种分析已广泛应用于工农业生产、医药研究、经济管理以及自然科学与社会科学等许多研究领域。

一、回归分析

回归（regression）泛指变量之间依存的一般数量关系。回归分析是研究相关关系变量之间的数量关系式的统计方法，主要的内容有两个方面：其一，是通过观测数据建立两个变量之间的函数式（即回归方程式），以定量地反映它们之间相互依存关系；其二，分析判断所建立的回归方程式的有效性，从而进行有关预测或估计。

在回归分析中，我们将受其他变量影响的变量（如滴丸的质量）称为**依变量**（dependent variable）或**响应变量**（response variable），记为 y；而将影响因变量的变量（如温度）称为**自变量**（independent variable）或**解释变量**（explanatory variable），记为 x。当回归方程建立后，我们可以利用给定的自变量 x 值来推断依变量 y 值，当然也可以根据依变量 y 值来推断自变量 x 值。

在回归分析中，如只有一个自变量的回归分析，称为**一元回归分析**（single regression），多于一个自变量的回归分析，称为**多元回归分析**（multiple regression）。当 y 与 x 存在直线关系时，称为线性回归分析（linear regression），否则称为**非线性回归分析**（non-linear regression）。本节只讨论一元回归分析，它是各类回归分析的基础。本单元的任务所涉及的回归分析属于一元非线性回归。

二、一元非线性回归分析

一元非线性回归模型是描述两个变量之间相关关系的最简单的非线性回归模型，故又称为简单非线性回归模型。该模型假定依变量 y 只受一个自变量 x 的影响，它们之间存在着近似的二次函数关系，可用一元二次方程来描述。这种方程式又称为一元二次回归方程，其经验表达式是：

$$\hat{y} = a + bx + cx^2 \qquad (7—1)$$

其中，a 是常数项，是直线方程的截距，表示 x 为 0 时 y 的估计值；而 b 是回归方程的一次项，c 是回归方程的二次项，称为 y 关于 x 的回归系数（regression coefficient），表示 x 每变动一个单位时，影响 y 平均变动的数量。而 y 上方加“^”是为了区别于回归 y 的实测值，相应的值 $\hat{y}$ 称为 y 的预测值（predicted value）或回归值（regression value）。

（一）一元非线性回归模型的建立

利用公式手工建模计算较为复杂，需大量的计算工作，在计算机普及的今天，这种复杂的计算已经没有了必要。利用 Excel 作为工具建模是一种方便、快捷和实用的好方法，本教材只介绍 Excel 分析法，不再介绍传统的手工计算法。利用 Excel 作为工具建模的方法有三种：第一种是利用工具栏中的图表向导；该方法简单直观，但只能分析一元回归，不能对回归进行显著性检验。第二种是利用“LINEST”函数公式，它不但能建立回归方程，还能对回归方程的显著性进行检验，但计算的结果的含义没有说明，要借助该函数的帮助菜单，否则初学者看不懂。第三种是数据分析工具法，该分析的内容较为详细，但它仅适用于一元线性回归分析。下面以表 7—1 的数据资料为例介绍利用 Excel 作为工具建模的前两种方法的具体操作过程。

1. 图表向导分析法

第一步，制作散点图

(1) 将待分析数据输入 Excel，如图 7—1 所示。

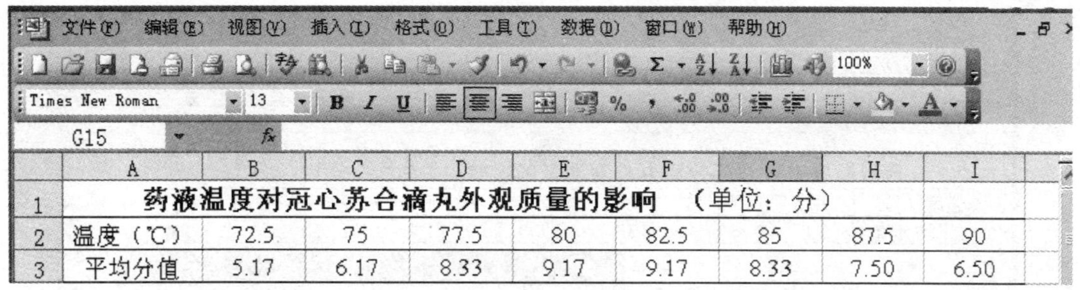

	A	B	C	D	E	F	G	H	I
1	药液温度对冠心苏合滴丸外观质量的影响 （单位：分）								
2	温度（℃）	72.5	75	77.5	80	82.5	85	87.5	90
3	平均分值	5.17	6.17	8.33	9.17	9.17	8.33	7.50	6.50

图 7—1 回归分析数据集

（2）用鼠标点击工具栏中的图表向导图标，便弹出如图 7—2 所示的“图表向导”对话框。

图 7—2 “图表向导”对话框

（3）选择图 7—2 所示的“图表向导”对话框的散点图，点击“下一步”按钮，即弹出“图表源数据”对话框，按对话框提示，用鼠标点击“数据区域”后的按钮，然后用鼠标拖拉的方式选择数据区域（B2：I3 单元格），如图 7—3 所示。

（4）点击图 7—3 所示的图表“源数据”对话框中的“完成”按钮，即出现图 7—4 所示的散点图。

（5）对图 7—4 所示的散点图进行简单的编辑就可形成如图 7—5 所示的散点图。

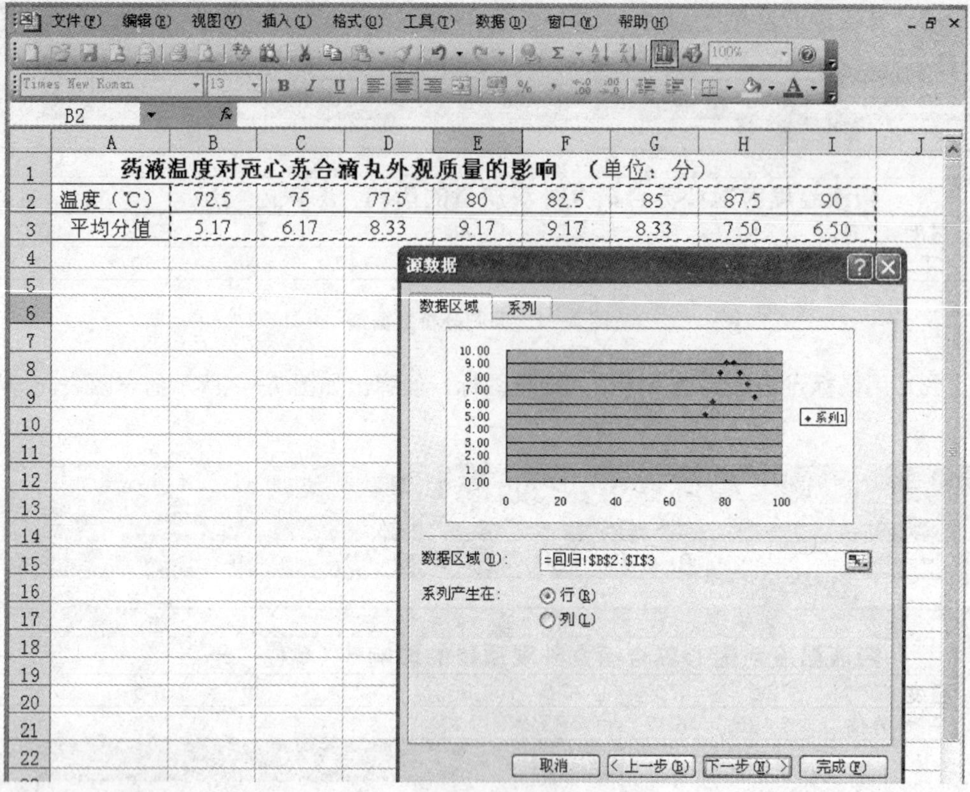

图 7—3 图表“源数据”对话框

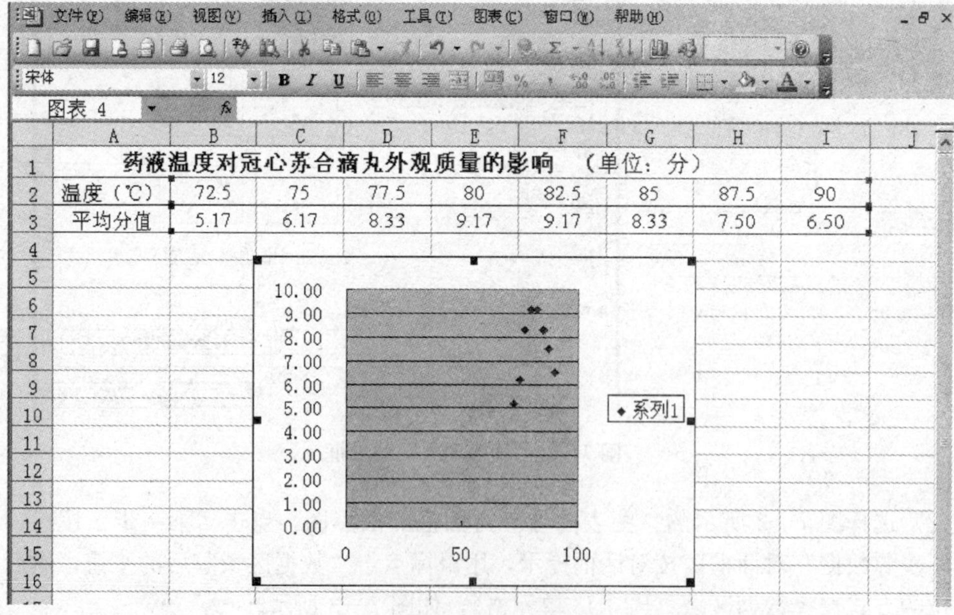

图 7—4 药液温度与滴丸外观质量关系的散点图 I

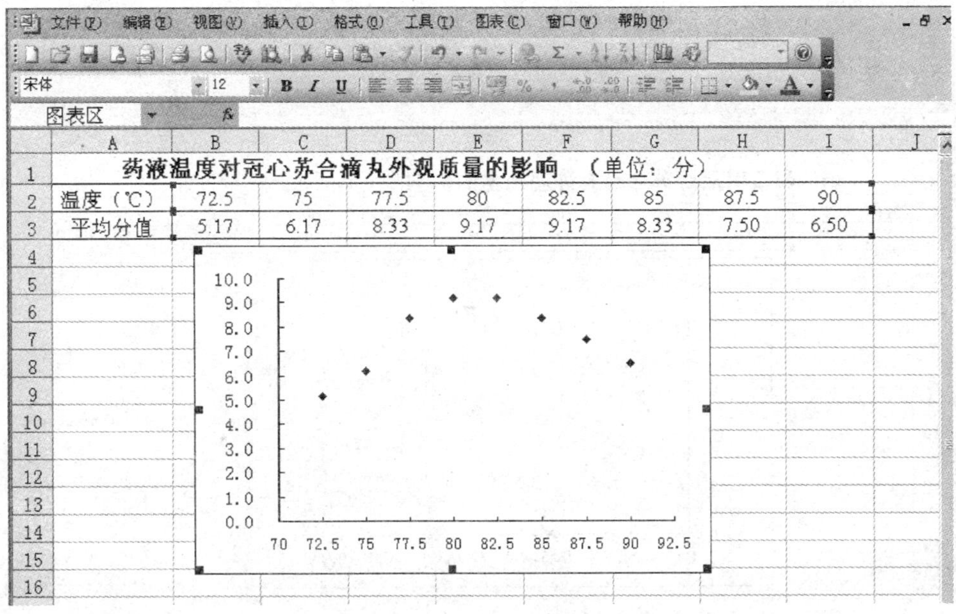

	A	B	C	D	E	F	G	H	I
1	药液温度对冠心苏合滴丸外观质量的影响 （单位：分）								
2	温度（℃）	72.5	75	77.5	80	82.5	85	87.5	90
3	平均分值	5.17	6.17	8.33	9.17	9.17	8.33	7.50	6.50

图 7—5 药液温度与滴丸外观质量关系的散点图Ⅱ

第二步，建立回归方程和求解相关系数

(1) 鼠标移动到图 7—5 中的任意一个散点，便出现如图 7—6 的提示。

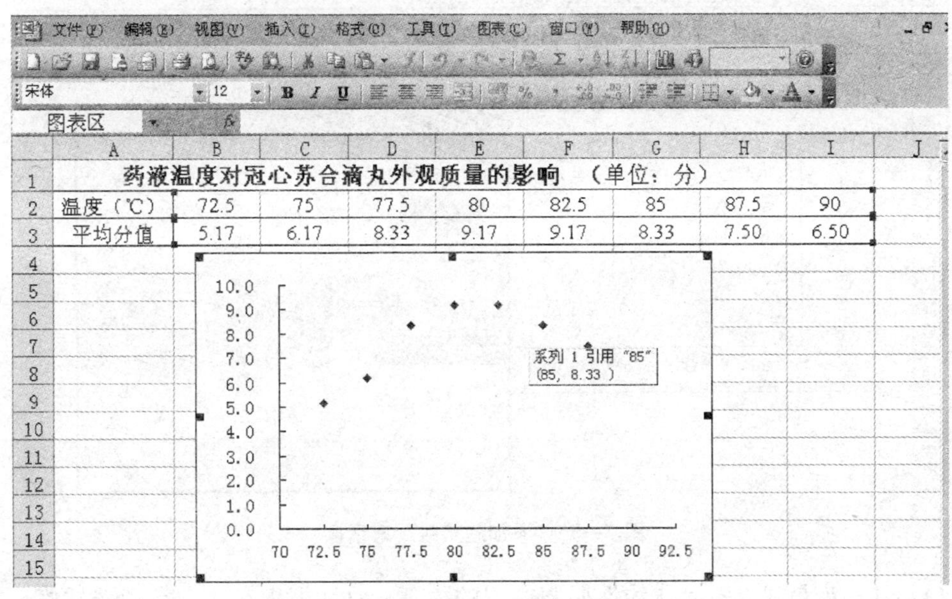

	A	B	C	D	E	F	G	H	I
1	药液温度对冠心苏合滴丸外观质量的影响 （单位：分）								
2	温度（℃）	72.5	75	77.5	80	82.5	85	87.5	90
3	平均分值	5.17	6.17	8.33	9.17	9.17	8.33	7.50	6.50

图 7—6 回归散点系列与引用的示意

(2) 当鼠标移动到散点处，并出现图 7—6 所示的“系列与引用的示意”时，点击鼠标右键，即弹出图 7—7 所示的散点图选项菜单。

(3) 用鼠标选择图 7—7 所示的散点图选项菜单中的“添加趋势线”，即弹出图 7—8 所示的“添加趋势线”对话框。

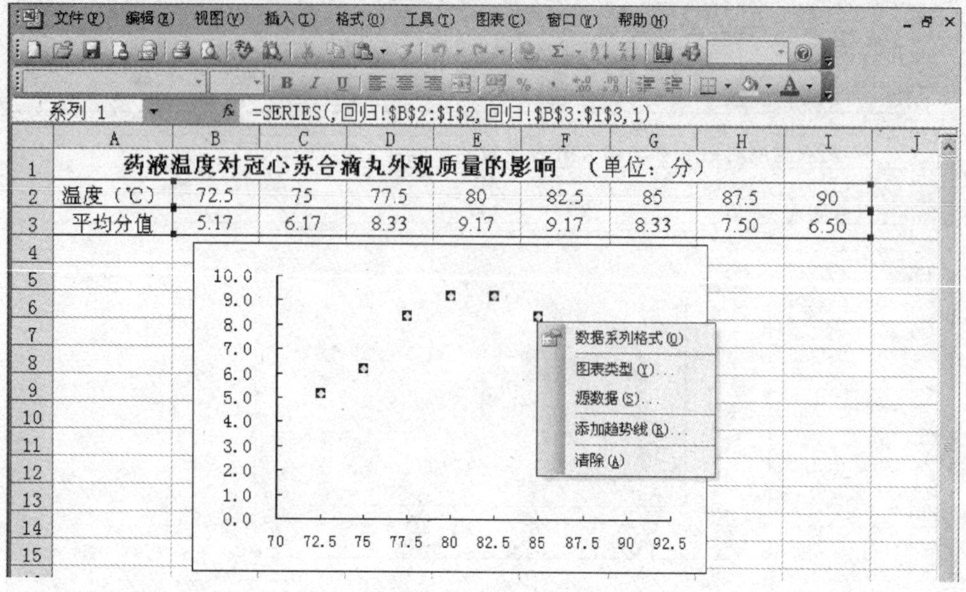

图 7—7 散点图选项菜单

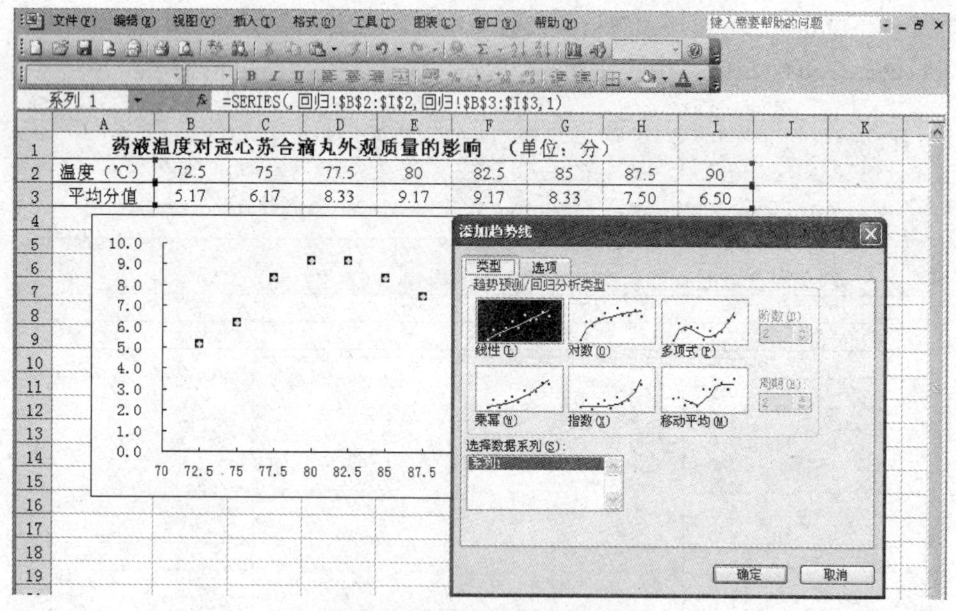

图 7—8 “添加趋势线”对话框

（4）这一步是建立一元非线性回归方程的关键，对话框中有 6 个类型选择框，每个选择框所建的回归方程不同。选择趋势线类型的依据是散点图中散点的分布情况，主要的方法是直观对比法，看散点与 6 个供选择项的吻合程度。本例要选择第 3 个（多项式），因为散点图中的散点与多项式选择框内的曲线前半部分吻合。用鼠标选择“多项式”后，再点击“选项”，打开“选项”选项卡，并在“显示公式”和“显示 R 平方值”的对话前打“√”，其他选项不改动，如图 7—9 所示。

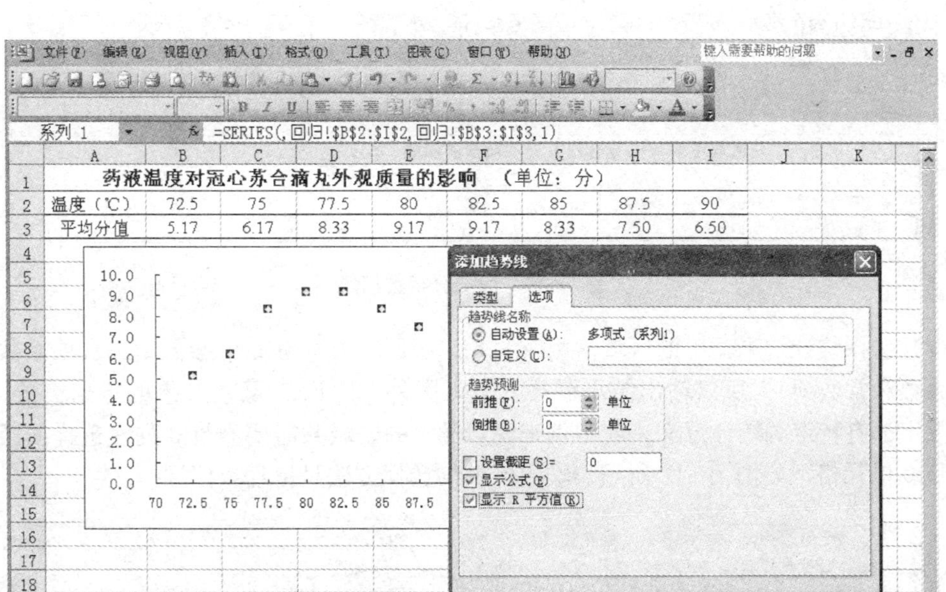

图 7—9 “选项”选项卡

(5) 点击图 7—9 所示“选项”选项卡中的“确定”按钮，即有图 7—10 所示的分析结果。

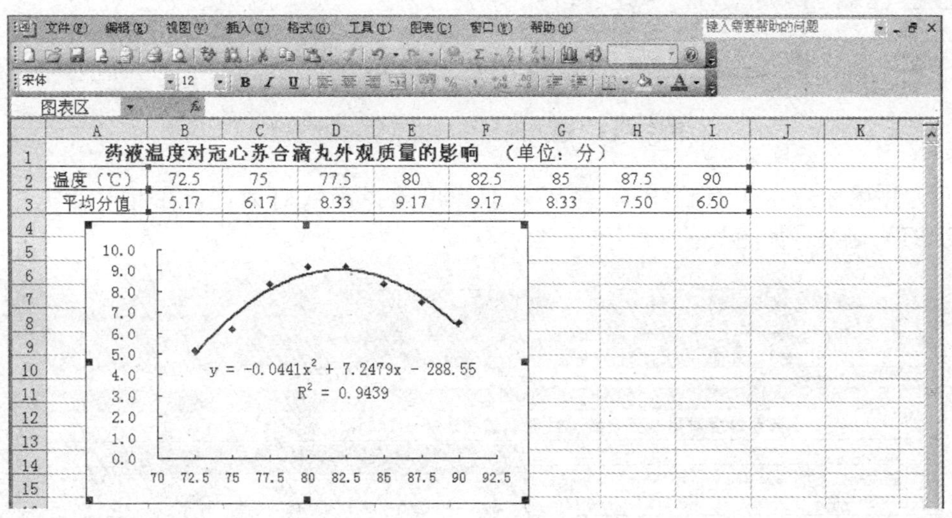

图 7—10 回归分析的结果

回归分析的结果：回归方程是 $\hat{y}=-0.044\,1x^2+7.247\,9x-288.55$；相关系数 $r=0.971\,5$。

2. “LINEST” 函数公式法

(1) 建立数据源。因为一元二次回归方程有“x”项和“x^2”项，所以，变量 x 要有两个数据源，一个是“x”项数据源（即试验所得数据），另一个“x^2”项数据源（即试验数据的平方值），具体结果如图 7—11 所示。

	A	B	C	D	E	F	G	H	I
1	药液温度对冠心苏合滴丸外观质量的影响 （单位：分）								
2	温度（℃）	72.5	75	77.5	80	82.5	85	87.5	90
3	温度平方值	5256.25	5625	6006.25	6400	6806.25	7225	7656.25	8100
4	平均分值	5.17	6.17	8.33	9.17	9.17	8.33	7.5	6.5

图 7—11　回归分析数据源

(2) 选择统计结果输出的区域。由于一元二次回归方程有 3 个参数（二次项系数、一次项系数和常数项），所以输出结果需要 3 列，另外 LINEST 函数结果的输出需要 5 行，每行数字都有特定的统计意义。就本例来说，输出的区域共需要 5 行 3 列，选择的区域是 B6∶D10 单元格，如图 7—12 所示。输出区域的选择方法是拖动鼠标选择。

	A	B	C	D	E	F	G	H	I
1	药液温度对冠心苏合滴丸外观质量的影响 （单位：分）								
2	温度（℃）	72.5	75	77.5	80	82.5	85	87.5	90
3	温度平方值	5256.25	5625	6006.25	6400	6806.25	7225	7656.25	8100
4	平均分值	5.17	6.17	8.33	9.17	9.17	8.33	7.5	6.5
5									
6									
7									
8									
9									
10									

图 7—12　选择统计分析结果输出的区域

(3) 用鼠标点击工具栏中的“fx”，即弹出选择函数对话框，在此对话框中选择“LINEST”函数，如图 7—13 所示。

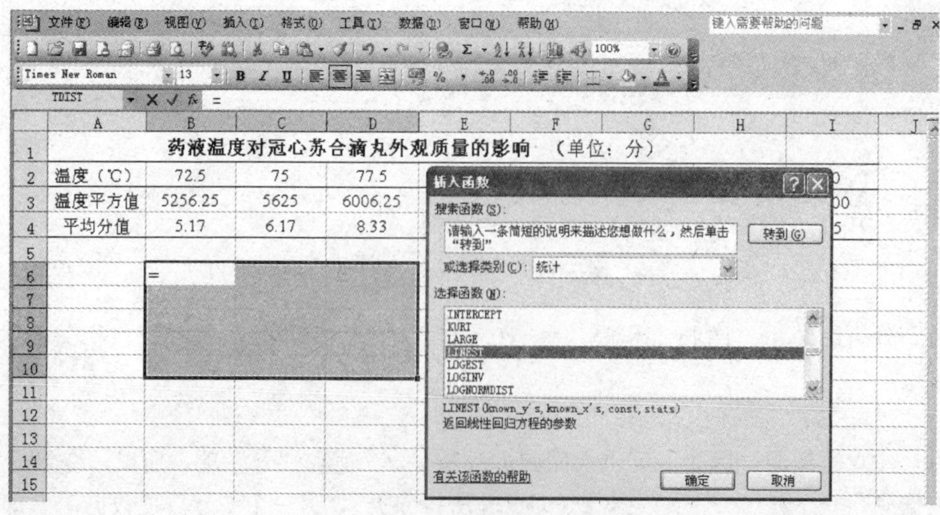

图 7—13　“插入函数”对话框

（4）点击图 7—13 所示对话中的“确定”按钮，便弹出“函数参数”对话框。根据对话框提示，在“Known _ y's”输入框后用鼠标选择 B4：I4 单元格，在“Kown _ x's”输入框后用鼠标选择 B2：I3 单元格，在“Const”输入框中填入“true”，在“Stats”输入框中填入“true”，如图 7—14 所示。

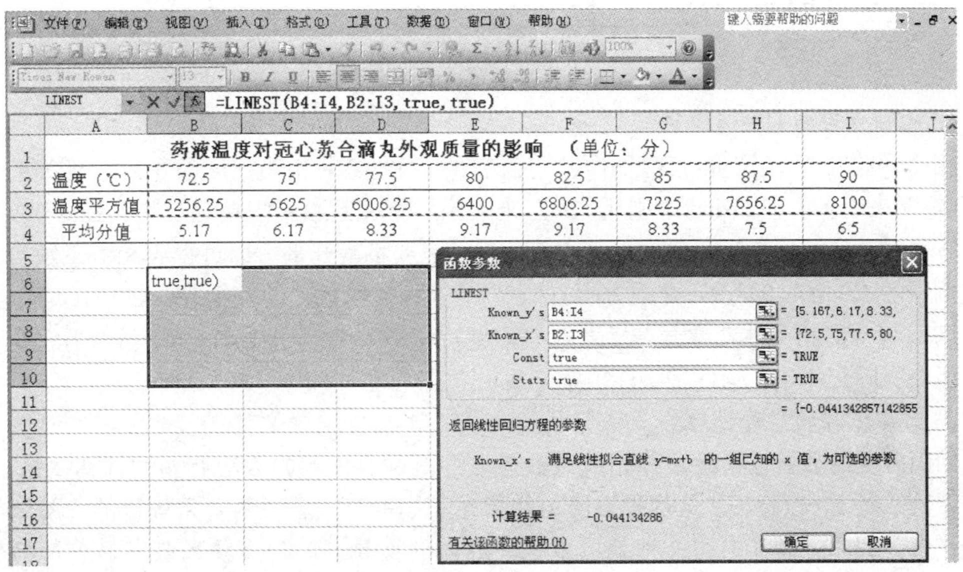

图 7—14 “LINEST”函数参数对话框

（5）千万不要点击图 7—14 中的“确定”按钮，这时需同时按下键盘上的“Shift”、“Ctrl”和“Enter”3 个组合键。统计结果如图 7—15 所示。

B6 {=LINEST(B4:I4,B2:I3,TRUE,TRUE)}

	A	B	C	D	E	F	G	H	I
1		药液温度对冠心苏合滴丸外观质量的影响 （单位：分）							
2	温度（℃）	72.5	75	77.5	80	82.5	85	87.5	90
3	温度平方值	5256.25	5625	6006.25	6400	6806.25	7225	7656.25	8100
4	平均分值	5.17	6.17	8.33	9.17	9.17	8.33	7.5	6.5
5									
6		-0.044134	7.2479214	-288.5481					
7		0.0050907	0.8276247	33.503518					
8		0.9438843	0.4123911	#N/A					
9		42.050818	5	#N/A					
10		14.302861	0.8503319	#N/A					

图 7—15 回归统计分析结果

（6）表 7—2 是对部分统计结果统计学含义的说明，详细的说明与使用，请参看该函数的“帮助”菜单。

（二）回归方程的真实性评价

在利用回归方程解决实际问题前，我们必须对方程进行真实性评价。评价主要包括三个方面：第一，相关程度评价，即计算相关系数；第二，显著性检验；第三，回归预测。其中前两个方面是较为常用的手段。

表 7—2　　Excel 部分统计结果的含义说明

单元格	B6	C6	D6	B8	B9	C9
数字	−0.044 1	7.247 9	−288.55	0.943 9	42.050 8	5
含义	c 的值	b 的值	a 的值	R^2 的值	回归 F 值	$df2$

注：回归方程是：$\hat{y}=-0.044\,1x^2+7.247\,9x-288.55$；相关系数 $r=0.971\,5$。这和利用图表向导得到的结果相同。

1. 回归方程的相关系数评价

相关系数（r）是评价自变量（x）与依变量（y）之间相关程度的参数，相关系数通常用"r"来表示，在 Excel 中则用"R"来表示。相关系数不需单独计算，Excel 在建立回归方程时就计算出来了，并常以平方值出现，只要将其开平方即可得到相关系数值。例如本例中的 R^2 是 0.943 9，开平方得：0.971 5。相关系数变动范围是：$-1\leqslant r\leqslant 1$，r 越大，则 x 与 y 的相关性就越大，反之则小。当 $r=+1$ 为完全正相关，$r=-1$ 为完全负相关。但在实际工作中，这两种极端值很罕见。

2. 回归方程的显著性检验

回归方程的显著性检验又称相关系数显著性检验，检验的方法有两种，其一是 t-检验法，其二是 F-检验法。这两种方法的结果是相同的，或者说两者是等价的，所以在实际工作中，我们选择其中的一种就可以了。具体的检验方法与步骤和假设显著性检验相同，就是看它的概率值（P），$P>0.05$ 方程的可靠性差，方程不宜使用；$P<0.05$ 具有显著性，$P<0.01$ 具有极显著性，说明方程可靠，可以应用于实际生产，能利用方程对某变量的结果进行预测，可以利用它寻找最优的生产工艺参数。

"LINEST"函数公式计算出来的是 F-值，而不是概率，怎样才能得到概率呢？要得到概率，可以利用 Excel 自带的"FDIST"函数公式进行计算。现还以本单元例子为例演示具体的操作过程。

（1）插入"FDIST"函数，用鼠标点击工具栏中的"fx"，即弹出如图 7—16 所示的对话框，选择"FDIST"函数。

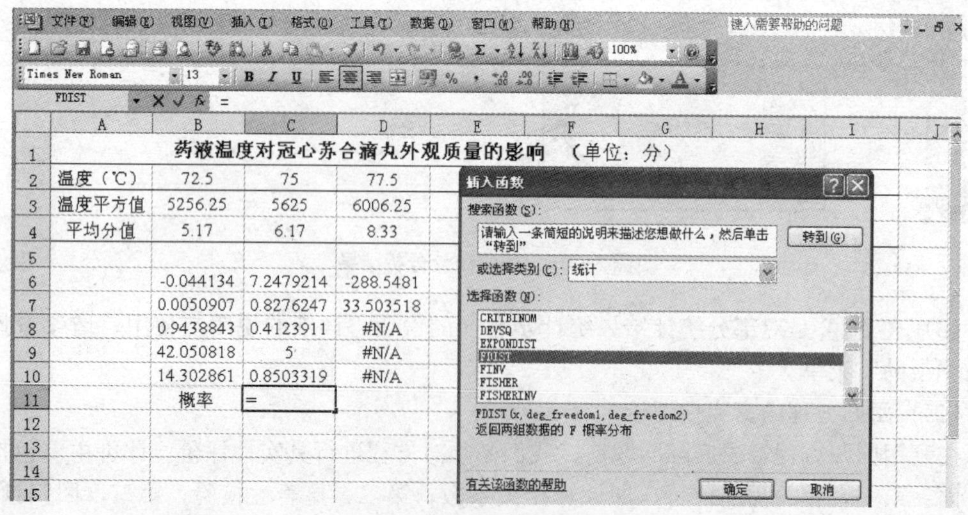

图 7—16 "插入函数"对话框

(2) 点击图 7—16 所示的对话框中的“确定”按钮，便弹出“函数参数”对话框，按对话框的提示，在“X”后的框内填 F 值（B9 单元格）；在“Deg-freedom 1”后的框内填自由度 1（df_1）的值（2）；在“Deg-freedom 2”后的框内填自由度 2（df_2）的值（C9 单元格），如图 7—17 所示。$df_1=n-df_2-1=8-5-1=2$，其中，“n”是变量的个数，本例有 8 个变量。

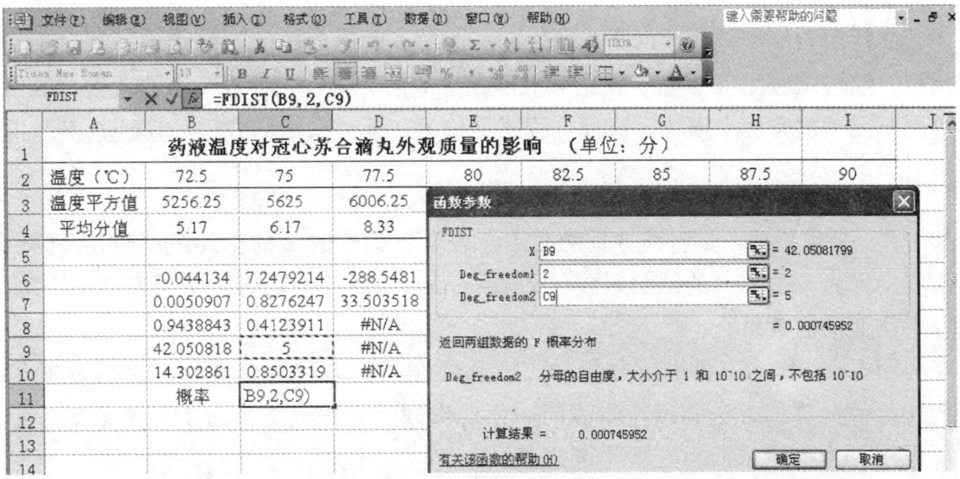

FDIST =FDIST(B9,2,C9)

	A	B	C	D	E	F	G	H	I
1	药液温度对冠心苏合滴丸外观质量的影响 （单位：分）								
2	温度（℃）	72.5	75	77.5	80	82.5	85	87.5	90
3	温度平方值	5256.25	5625	6006.25					
4	平均分值	5.17	6.17	8.33					
5									
6		-0.044134	7.2479214	-288.5481					
7		0.0050907	0.8276247	33.503518					
8		0.9438843	0.4123911	#N/A					
9		42.050818	5	#N/A					
10		14.302861	0.8503319	#N/A					
11		概率	B9,2,C9)						

函数参数

FDIST

X B9 = 42.05081799

Deg_freedom1 2 = 2

Deg_freedom2 C9 = 5

= 0.000745952

返回两组数据的 F 概率分布

Deg_freedom2 分母的自由度，大小介于 1 和 10^10 之间，不包括 10^10

计算结果 = 0.000745952

有关该函数的帮助(H) 确定 取消

图 7—17 “函数参数”对话框

(3) 点击图 7—17 所示“函数参数”对话框中的“确定”按钮，便得到图 7—18 所示的回归方程 F-检验的概率。

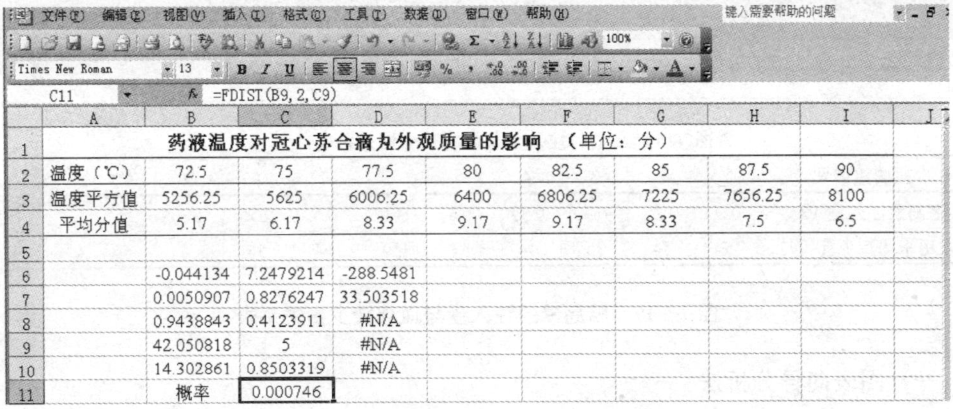

C11 =FDIST(B9,2,C9)

	A	B	C	D	E	F	G	H	I
1	药液温度对冠心苏合滴丸外观质量的影响 （单位：分）								
2	温度（℃）	72.5	75	77.5	80	82.5	85	87.5	90
3	温度平方值	5256.25	5625	6006.25	6400	6806.25	7225	7656.25	8100
4	平均分值	5.17	6.17	8.33	9.17	9.17	8.33	7.5	6.5
5									
6		-0.044134	7.2479214	-288.5481					
7		0.0050907	0.8276247	33.503518					
8		0.9438843	0.4123911	#N/A					
9		42.050818	5	#N/A					
10		14.302861	0.8503319	#N/A					
11		概率	0.000746						

图 7—18 回归方程 F-检验的概率

其计算的结果是 $P=0.000\,746$，即 $P<0.01$ 具有极显著性，说明方程可靠，可以利用它寻找配合最优的生产工艺参数——最适温度。

（三）利用回归方程寻优

利用回归方程寻优最简单的方法是，设回归方程：$\hat{y}=-0.044\,1x^2+7.247\,9x-288.55$ 的回归依变量 $\hat{y}=0$，得到：$0=-0.044\,1x^2+7.247\,9x-288.55$。再求导得：$0=-0.088\,2x+7.247\,9$。解方程得：$x=82.18$℃，即生产冠心苏合滴丸的最适温度是

82.18℃。将 82.18℃带入回归方程 $\hat{y}=-0.0441x^2+7.2479x-288.55$，得：$\hat{y}=9.25$(分)，即当温度为 82.18℃时，冠心苏合滴丸外观质量评分为 9.25。

二次项“$-0.0441x^2$”的导数是“$-0.0882x$”，一次项“$7.2479x$”的导数是“7.2479”，常数的导数为 0。

三、一元线性回归分析

一元线性回归模型是描述两个变量之间相关关系的最简单的回归模型，故又称为简单回归模型。该模型假定依变量 y 只受一个自变量 x 的影响，它们之间存在着近似的线性关系，可用一元一次方程来描述。这种方程式又称为一元一次回归方程，其经验表达式是：

$$\hat{y}=a+bx \tag{7—2}$$

其中，a 是常数项，是直线方程的截距，表示 x 为 0 时 y 的估计值；而 b 是回归方程的一次项，称为 y 关于 x 的回归系数（regression coefficient），表示 x 每变动一个单位时，影响 y 平均变动的数量。

在利用 Excel 作为工具进行分析时，一元线性回归方程的建立、显著性检验、回归方程的评价等分析的方法和操作步骤同一元二次回归方程分析。为了避免重复，不再赘述。下面用一个例子来演示主要不同之处。

例 7.1 某医院将 30 只大白鼠随机分成 10 个组（每组 3 只），研究胰岛素的注入量与血糖减少量之间的关系，其结果如图 7—19 所示。请建立一个胰岛素的注入量与血糖减少量关系的数学模型，并对该数学模型进行显著性检验。

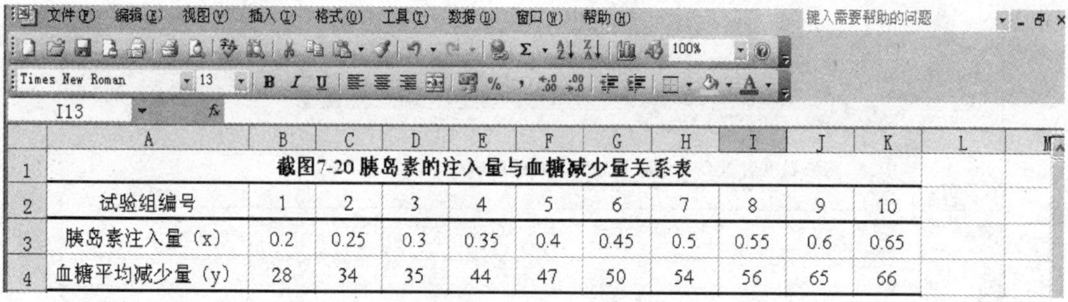

截图7-20胰岛素的注入量与血糖减少量关系表

试验组编号	1	2	3	4	5	6	7	8	9	10
胰岛素注入量（x）	0.2	0.25	0.3	0.35	0.4	0.45	0.5	0.55	0.6	0.65
血糖平均减少量（y）	28	34	35	44	47	50	54	56	65	66

图 7—19 胰岛素的注入量与血糖减少量关系表

（一）图表向导分析法

在此分析方法中，下面这一步和一元二次回归分析不同，一元线性回归选择“线性”，一元二次回归选择“多项式”，如图 7—20 所示。

（二）“LINEST”函数公式法

此分析方法和一元二次回归分析不同，一元线性回归分析不需要创建二次项数据源，一元二次回归分析必需创建二次项数据源，且统计分析结果输出的区域不同，一元线性回归是 5 行 2 列如图 7—21 所示，一元二次回归是 5 行 3 列。

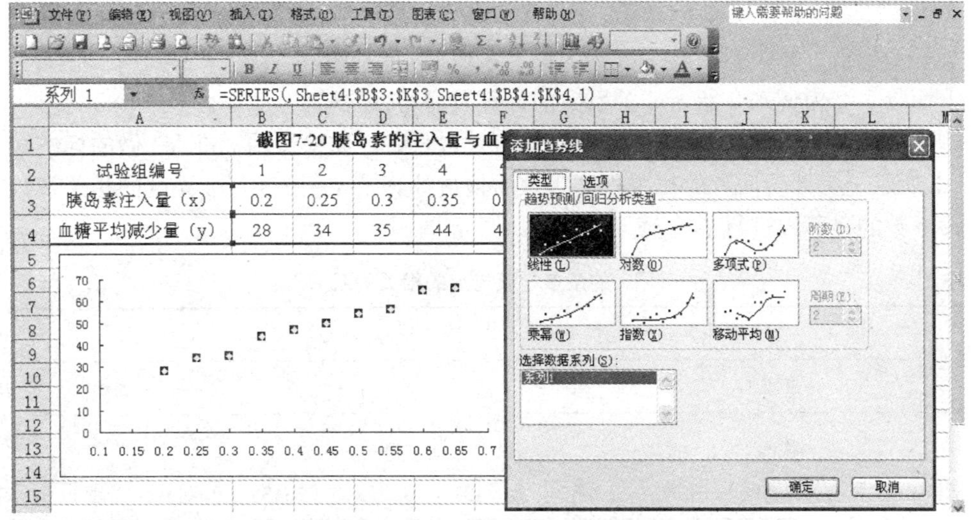

图 7—20 “添加趋势线”对话框

{=LINEST(B4:K4,B3:K3,TRUE,TRUE)}

截图7-20 胰岛素的注入量与血糖减少量关系表										
试验组编号	1	2	3	4	5	6	7	8	9	10
胰岛素注入量（x）	0.2	0.25	0.3	0.35	0.4	0.45	0.5	0.55	0.6	0.65
血糖平均减少量（y）	28	34	35	44	47	50	54	56	65	66
	84.4848	11.9939								
	4.02654	1.80634								
	0.98215	1.82864								
	440.244	8								
	1472.15	26.7515								

图 7—21 一元线性回归统计分析结果

一元线性回归方程：$\hat{y}=11.994+84.485x$，回归方程的决定系数“R^2”＝0.982 2，回归方程的相关系数“r”＝0.991 0。F 值是 440.244，$P=2.8\times10^{-8}$。

单元三 相关分析

相关分析是研究变量间密切程度的一种常用统计方法。相关分析主要包括两种情况，线性相关分析：研究两个变量间线性关系的程度。偏相关分析：它描述的是当控制一个或几个另外的变量的影响条件下两个变量间的相关性，如控制年龄和工作经验的影响，估计工资收入与受教育水平之间的相关关系。本书仅介绍线性相关分析。

进行直线相关分析的基本任务在于根据 x，y 的实际观察数据，计算出表示 x，y 两个变量间线性相关的程度和性质的统计量——相关系数，并进行显著性检验。

相关系数是变量之间相关程度的指标。样本相关系数用 r 表示，总体相关系数用 ρ 表示，相关系数的取值范围为［−1，1］。$\gamma>0$ 为正相关，$\gamma<0$ 为负相关，$\gamma=0$ 表示不相

关。γ 的绝对值越大，误差 Q 越小，变量之间的线性相关程度越高；反之，变量之间的线性相关程度越低。相关系数的平方称为决定系数。

下面以 7.2 为例来介绍，相关系数的计算及显著性检验。

例 7.2 在用分光度法做某 V_C 药物的有效含量时，质检员用标准 V_C 做的标准数据如表 7—3 所示。为评价两者的相关程度，该质检员计算了 V_C 浓度与吸光度的相关系数，并对相关系数的显著性进行了检验。

表 7—3 V_C 的浓度与吸光度的相关关系

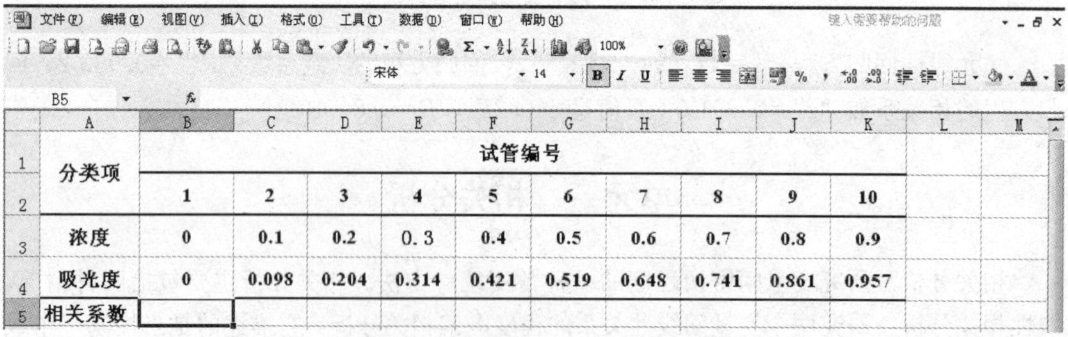

分类项	试管编号									
	1	2	3	4	5	6	7	8	9	10
浓度	0	0.1	0.2	0.3	0.4	0.5	0.6	0.7	0.8	0.9
吸光度	0	0.098	0.204	0.314	0.421	0.519	0.648	0.741	0.861	0.957

一、相关系数的计算

相关系数的计算方法有 3 种：Pearson、Spearman 和 Kendall 法，本书仅介绍 Pearson 法。Pearson 相关系数计算的手段有 3 种：一是利用 Excel 自带函数公式“PEARSON”或“工具栏”的“数据分析”里的“回归”分析；二是利用 Excel 工具栏中的“图表向导”用做散点图法求得；三是利用公式进行计算。其中，利用 Excel“工具栏”的“数据分析”里的“回归”分析和利用工具栏中的“图表向导”做散点图法这两种方法在回归分析中已讲过，公式法的手工计算较为繁杂，本书将略去。

下面是本章的例 7.2 利用 Excel 自带函数公式“PEARSON”计算相关系数的过程。

第一步，把数据输入 Excel 表，并用鼠标选中结果输出的单元格（F2），如图 7—22 所示。

	A	B	C	D	E	F	G	H	I	J	K
1	分类项	试管编号									
2		1	2	3	4	5	6	7	8	9	10
3	浓度	0	0.1	0.2	0.3	0.4	0.5	0.6	0.7	0.8	0.9
4	吸光度	0	0.098	0.204	0.314	0.421	0.519	0.648	0.741	0.861	0.957
5	相关系数										

图 7—22 建立 Excel 数据集

第二步，用鼠标点击编辑栏中的“fx”，在出现的对话框的“选择类别”框里，选择“统计”，在“选择函数”下面的选择框中，选择函数“PEARSON”，如图 7—23 所示。

第三步，在图 7—24 所示的对话框内用鼠标点击“确定”按钮，就出现图 7—24 所示的“函数参数”对话框。根据对话框提示，在“Array 1”和“Array 2”后面的框里，用

	A	B	C	D	E	F	G	H	I	J	K
1	分类项	试管编号									
2		1	2	3	4	5	6	7	8	9	10
3	浓度	0	0.1	0.2	0.3	0.4	0.5	0.6	0.7	0.8	0.9
4	吸光度	0	0.098	0.204	0.314						
5	相关系数	=									

图 7—23 从统计函数“fx”中选择“PEARSON”函数

鼠标选取浓度值所在的单元格（B3∶K3）和吸光度值所在的单元格（B4∶K4），如图 7—24 所示。

=PEARSON(B3:K3,B4:K4)

	A	B	C	D	E	F	G	H	I	J	K
1	分类项	试管编号									
2		1	2	3	4	5	6	7	8	9	10
3	浓度	0	0.1	0.2	0.3	0.4	0.5	0.6	0.7	0.8	0.9
4	吸光度	0	0.098	0.204	0.314	0.421	0.519	0.648	0.741	0.861	0.957
5	相关系数	B4:K4)									

图 7—24 “函数参数”对话框

第四步，用鼠标点击图 7—24 所示对话框的“确定”按钮，出现如图 7—25 所示的结果，Pearson 相关系数是 0.999 79。

B5 =PEARSON(B3:K3,B4:K4)

	A	B	C	D	E	F	G	H	I	J	K
1	分类项	试管编号									
2		1	2	3	4	5	6	7	8	9	10
3	浓度	0	0.1	0.2	0.3	0.4	0.5	0.6	0.7	0.8	0.9
4	吸光度	0	0.098	0.204	0.314	0.421	0.519	0.648	0.741	0.861	0.957
5	相关系数	0.99979									

图 7—25 “PEARSON”函数计算结果

二、相关系数的显著性检验与推断

上述根据实际观察值计算得来的相关系数，是样本相关系数，它是双变量正态总体中的总体相关系数 ρ 的估计值。样本相关系数 r 是否来自 $\rho\neq0$ 的总体，还须对样本相关系数 r 进行显著性检验。检验的方法有 3 种，一是直观判断，二是查表法，三是假设检验。

假设检验是利用公式计算 F 值，进行 F 检验。

$$F=\frac{r^2}{(1-r^2)\ /\ (n-2)},\ df_1=1,\ df_2=n-2 \tag{7—3}$$

直观判断是最为方便的方法，但此法仅是一种经验性判断，其判断的标准如下：

$|r|>0.95$ 存在显著性相关；

$|r|\geqslant0.8$ 高度相关；

$0.5\leqslant|r|<0.8$ 中度相关；

$0.3\leqslant|r|<0.5$ 低度相关；

$|r|<0.3$ 关系极弱，认为不相关。

例 7.2 的相关系数等于 0.999 79，即显著性相关。

查表法是根据自由度，查统计学家计算出的 r 显著性 t -检验的临界 r 值表。若 $|r|<r_{0.05}$，即 $P>0.05$，则相关系数 r 不显著；若 $r_{0.05}\leqslant|r|<r_{0.01}$，即 $0.05\leqslant P>0.01$，则相关系数 r 显著；若 $|r|\geqslant r_{0.01}$，即 $P\leqslant0.01$，则相关系数 r 极显著。

例 7.2 的相关系数等于 0.999 79，查表在自由度为 8 时，$r_{0.01}=0.827$，$r>r_{0.01}$，即 $P<0.01$，则相关系数 r 极显著。

假设检验是以 H_0：$\rho=0$ 为无效假设，H_A：$\rho\neq0$ 为备择假设。与直线回归关系显著性检验一样，可采用 t-检验法与 F-检验法对相关系数 r 的显著性进行检验，但两者是等效的，实际工作中，只选用其中的一种。下面以例 7.2 为例介绍 F-检验的具体操作步骤：

把相关系数 $r=0.999\ 79$ 代入公式 7—3，得：

$$F=\frac{r^2(n-2)}{1-r^2}=\frac{0.999\ 79^2(10-2)}{1-0.999\ 79^2}=18\ 872.02,$$

$$df_1=k-1=2-1=1;\ df_2=n-2=10-2=8。$$

计算出 F 值后用 Excel 自带函数“FDIST”计算概率，其操作过程与回归显著性检验相同，计算结果 $P=8.816\times10^{-15}$，即 $P<0.01$，则相关系数 r 极显著。

通过以上学习，我们会发现相关与回归没有绝对的区分，它们之间的不同仅仅是相对的。

小　结

回归分析与相关分析都是研究变量之间关系的常用统计分析方法，统计分析的目的就在于根据统计数据确定变量之间的关系形式及关联程度，并探索其内在的数量规律性。但两者研究的对象稍有区别，回归分析研究的两组对象成因果关系，一组是原因，另一组是结果，两者具有确定性关系，就是可以用函数来表示的变量间关系。相关分析的两组对象，既相互联系，又相对独立。两者之间是非确定性关系，一般不用函数式表达。

回归分析中，我们将受其他变量影响的变量称为依变量或响应变量，记为 y；而将影响因变量的变量（如溶液的浓度）称为自变量或解释变量，记为 x。在回归分析中，如只有一个自变量的回归分析，称为一元回归分析；多于一个自变量的回归分析，称为多元回归分析。当 y 与 x 存在直线关系时，称为线性回归分析，否则称为非线性回归分析。本节只讨论一元线性回归分析，它是各类回归分析的基础。

一元线性回归模型是描述两个变量之间相关关系的最简单的线性回归模型，故又称为简单线性回归模型。回归方程的建立与应用的基本步骤是，第一步，作散点图，对回归类型做出判断；第二步，计算回归方程的回归参数，即 a 和 b 的值；第三，计算相关系数，对 x、y 之间的相关性进行判断；第四步，对建立的回归方程进行显著性检验，判断回归方程的真实性。在利用回归方程解决实际问题前，我们必须对方程进行真实性评价。评价主要包括三个方面：第一，相关程度评价，即计算相关系数；第二，显著性检验；第三，回归预测。

相关系数和回归的显著性检验一样，都有两种方法，一是 t-检验，二是 F-检验，这两种检验的方法虽然不同，但两者是等效的，实际工作中，只选用其中之一。

课后训练

一、基础知识训练（单项选择）

1. 已知数据资料有 10 对数据，并呈现线性回归关系，它的总自由度、回归自由度和残差自由度分别是______

A. 9、1 和 8　　B. 1、8 和 9　　C. 8、1 和 9　　D. 9、8 和 1

2. 已知回归方程的决定系数是 0.81，那么此回归方程的相关系数是______。

A. 0.656 1　　B. 0.9　　C. 0.59　　D. 0.81

3. 相关系数显著性检验常用的方法是______

A. t-检验和 u-检验　　B. t-检验和 χ^2-检验

C. t-检验和 F-检验　　D. F-检验和 χ^2-检验

4. 一元一次线性回归方程的回归自由度是______。

A. 3　　B. 2　　C. 1　　D. 无法判断

5. 以图形显示两变量 x 与 y 的关系，最好创建______。

A. 直方图　　B. 圆形图

C. 柱形图　　D. 散点图

6. 利用一个已通过检验的回归模型，我们可以______。

A. 以给定的自变量的值估计因变量的值

B. 计算相关系数与判定系数

C. 以给定的因变量的值估计自变量的值

D. 估计未来所需样本的容量

7. 对同一双变量（x，y）的样本进行样本相关系数 tr 检验和样本回归系数的 tb 检验时______。

A. $tb \neq tr$　　B. $tb = tr$　　C. $tb > tr$　　D. $tb < tr$

8. 两变量的相关分析中，若散点图的散点完全在一条直线上，则______。

A. $r=1$　　B. $r=-1$　　C. $|r|=1$　　D. $a=1$

9. 直线回归分析中，对回归系数作假设检验，其目的是______。

A. 检验回归系数 b 是否等于 0　　B. 判断回归方程代表实测值的好坏

C. 确定回归方程的拟合优度　　D. 推断两变量间是否存在直线依存关系

10. 对两个变量进行直线相关分析，$r=0.46$，$P>0.05$，说明两变量之间______。

A. 有相关关系　　B. 无任何关系

C. 无直线相关关系　　D. 无因果关系

11. 对两个数值变量同时进行了相关和回归分析，假设检验结果相关系数有统计学意义（$P<0.05$），则______。

A. 回归系数有高度的统计学意义　　B. 回归系数无统计学意义

C. 回归系数有统计学意义　　D. 不能肯定回归系数有无统计学意义

二、基本技能训练

1. 在狗服用阿司匹林片的试验中，y 为狗试验后的最高血药浓度，x 为阿司匹林释放能力指标，现有 6 批阿司匹林片，从每一批分别取样作体内外观察，得试验数据如表 7—4 所示。

表 7—4　阿司匹林释放能力与狗最高血药浓度之间的关系

释放能力（x）	0.6	0.95	1	1.35	1.4	1.46
最高血药浓度（y）	189	185.5	198.6	148.0	132.8	150.9

（1）试求 y 对 x 的线性回归方程；

（2）进行线性回归方程的显著性检验（$\alpha=0.05$）；

（3）求 $x=1.2$ 时，y 的预测值和置信度为 95% 的预测区间。

2. 在冠心苏合滴丸的生产工艺中，一个重要的质量指标是滴丸的溶散时限，按照规定的要求溶散时限是 6min。通过查阅文献可知，影响滴丸溶散时限的主要因素是药物与基质的配比、药液温度、冷却剂温度。质量管理人员要找出最佳药液温度，他设计了试验方案并按方案进行了试验，试验的结果如表 7—5 所示。

表 7—5　药液温度对滴丸的溶散时限的影响

药液温度（℃）	45	50	55	60	65	70	75	80	85	90
溶散时限（min）	4.7	4.8	5	5.3	5.5	5.6	5.7	5.9	6.2	6.5

根据以上的已知条件，完成下列任务：

（1）建立回归方程。

（2）对建立的回归方程进行评价。

（3）利用回归方程计算出滴丸的溶散时限为 6min 的药液温度是多少。

三、拓展训练

1. 在制药发酵参数调整的试验中，技术人员对影响发酵工艺的最主要参数温度进行了单因素试验，试验的方案与结果如表 7—6 所示，请你选择适当的分析方法分析处理试验数据，并确定生产工艺的最佳温度值（提示首先作出散点图，求得一元二次回归方程，再求方程的极大值）。

表 7—6　温度对发酵过程原料转化率的影响（%）

重复	温度（℃）						
	34	34.5	35	35.5	36	36.5	37
1	43.3	44.1	62.5	77.6	68.2	52.1	46.5
2	44.0	44.7	63.0	78.0	67.8	51.7	46.3
3	43.5	45.0	62.6	77.8	68.3	51.6	46.1
平均	43.6	44.6	62.7	77.8	68.1	51.8	46.3

2. 某食品厂在研究酶法液化工艺制造山楂原汁的单因素试验中，发现酶解液体的温度对山楂液化率具有一定的影响作用。技术研究人员的试验方案与结果如表 7—7 所示。

表 7—7　酶解液体的温度值对山楂液化率的影响作用

温度（℃）	33.5	34	34.5	35	35.5	36	36.5
液化率（%）	36.2	40.5	44.6	46.7	43.6	40.3	38.6

请利用 Excel 绘出酶解液体的温度值对山楂液化率影响的散点图，求出一元二次回归方程、相关系数和山楂酶解液体的最适温度。

任务八　多工艺参数的寻优

◎ **能力目标**

1. 能应用 Excel 工具栏中的图表向导制作处理因素变化的散点图，并根据散点图判断处理因素影响的趋势。

2. 能利用 Excel 自带函数计算总平方和，自编公式计算矫正数、组间平方和等。

3. 能根据试验设计计算各分割自由度。

4. 能利用 Excel 工具中的数据分析工具或自带函数公式“FDIST”求方差分析的概率。

5. 能根据检验的结果确定处理因素的主次关系，以便优处理和优组合。

◎ **知识目标**

1. 了解正交试验设计的基本原理和理论意义。

2. 熟悉正交试验设计的应用条件、基本方法、步骤和评价依据；熟悉 Excel 自带统计函数公式和数据分析工具的选择与应用。

3. 掌握利用 Excel 自带统计函数和分析工具的操作方法；熟悉优生产工艺的选择。

◎ **素质要求**

学生要掌握用唯物辩证的逻辑思维方法分析问题和解决问题。

◎ **任务背景**

冠心苏合滴丸原方收载于我国药典，处方由苏合香、冰片、乳香等药组成，主治寒凝气滞、心脉不通所致胸痹之证。原剂型为传统水丸，现采用了固体分散技术，将其改制成溶出速度快、吸收好、可发挥速效、高效作用的滴丸新剂型。评价滴丸质量的指标主要是丸重变异系数、溶散时限和外观质量（圆润度、光洁度等）。以丸重变异系数最小、溶散时限最短和外观质量高为好。某制药厂用 PEG4000 作为基质，以二甲基硅油为冷却剂生产冠心苏合滴丸。通过生产和前期单因素筛选研究中发现影响滴丸质量的主要因素是药物与基质的配比、药液温度、冷却剂温度。各因素较好的生产条件分别是，药物与基质的配比 1∶2，药液温度 80℃，冷却剂温度为 8～10℃，现以滴丸的溶散时限作为评价生产工艺的质量标准，请用正交试验优选出最佳的制备工艺条件。

◎ **工作任务**

根据下面的阅读资料完成下列工作任务：

1. 根据以上任务背景制定各因素的试验水平数。

2. 设计具体的试验方案（选择正确的正交表，完成表头设计）。

3. 确定三个因素的主次顺序，优选出最佳的制备工艺条件，并撰写试验分析报告。

◎ **工作步骤**

第一步，确定各因素的水平数和水平强度；

第二步，根据因素水平数，选择相应水平表的正交表；

第三步，在第二步的基础上，根据处理因素数确定试验所用的正交表，并制订试验方案；

第四步，按试验方案进行试验，并观察记录试验数据；

第五步，审校数据，把数据输入 Excel；

第六步，利用 Excel 自带函数公式对试验数据进行分析与评价，确定因素的主次顺序、优处理和优组合（最佳的试验工艺条件），并撰写试验分析报告。

单元一　正交试验设计

前几章所讲试验设计方法，每次试验只能考虑一个因子对试验指标的影响，在实际工作中，根据工作的目的和要求，有时需要同时考虑多个因素对一个或多个指标的影响，而且还要找出各个试验因素最优的水平组合。但随着试验因素和水平的增加，试验的规模就要变大，如果对多因素、多水平的每个因素、每种水平可能构成的一切组合条件，均逐一进行试验，即全面试验，则因其试验次数繁多而需付出相当的试验代价，有时甚至使试验无法完成，这将会给实际工作带来很多困难。如本章的任务背景中，要考虑 3 个因素对冠心苏合滴丸的溶散时限的影响，如果每个因素设计 3 个水平，全面试验就要做$3^4=81$ 次试验，这样庞大的试验，要付出很大的试验代价，即使勉强做了，其结果也不易分析，在这种情况下就需要使用正交试验设计。

正交试验设计（orthogonal experimental design）是研究多因素多水平的又一种设计方法，它是根据正交性，利用正交试验表，从全面试验中挑选出部分有代表性的点进行试验。这些有代表性的点具备了“均匀分散，齐整可比”的特点，试验的结果能较好地反映全面试验的结果，是一种高效率、快速、经济的试验设计方法。适合安排 3 个或 3 个以上的试验因素，每个试验因素有 2～4 个水平，通过试验分析判断试验因素的主次顺序，并寻求各因素的优水平和因素与水平的优组合。

目前，许多国家都非常重视正交试验设计的研究和推广。正交试验法的应用在日本已达到“家喻户晓”的程度，它已成为促进日本生产率增长的“诀窍”。我国在正交试验设计的理论研究方面一直处于领先地位，设计出了许多有实用价值和简便易行的正交表。我国把普及和推广正交试验法，列为全国重点推广项目。

一、正交试验设计的基本要素

正试验设计和其他试验设计一样，设计的第一步必须要明确试验设计的三大基本要素。

1. 试验指标

试验指标是指作为试验研究过程的因变量，常为试验结果特征的量（如合格率、片剂的硬度、崩解度、溶出度等）。本任务的试验指标为冠心苏合滴丸的溶散时限。

2. 影响因素

影响因素是指作为试验研究过程的自变量，常常是造成试验指标按某种规律发生变化的那些原因。如本任务的 3 个影响因素是药物与基质的配比、药液温度、冷却剂温度。

3. 水平

水平是指试验中因素所处的具体状态或量，又称为等级。如任务的三个因素：药物与基质的配比 1∶2（1∶2 的配比就是一个水平量化数，即 1 个水平）；药液温度 80℃（80℃就是药物温度这个因素的一个量化数，即 1 个水平）；冷却剂温度 8～10℃（这里的 8～10℃就是冷却剂温度的 1 个水平量，即 1 个水平）。每个因素可以有多个水平，但实际工作中，一般选择 2～4 个水平，水平与水平数之间成等差数列关系。如果我们设定药液温度有 80℃、70℃和 60℃三个水平，那么 80、70 和 60 这三个数就是一个公差为 10 的等差数列。

在研究多因素、多因素水平时，常用的试验设计方法有：正交试验设计法、均匀试验设计法、单纯形优化法、双水平单纯形优化法、回归正交设计法、序贯试验设计法等。可供选择的试验方法很多，各种试验设计方法都有其一定的特点。所面对的任务与要解决的问题不同，选择的试验设计方法也应有所不同。由于篇幅的限制，我们只讨论正交试验设计方法。

二、正交表的结构与性质

1. 正交表的结构

日本著名的统计学家田口玄一将正交试验选择的水平组合列成表格，称为正交表。用正交表安排多因素试验的方法，称为正交试验设计法。

正交表是一整套由数学工作者编制的固定的、规则的设计表格，我们只能根据试验的因素数和水平选择适当表格，但不能修改正交表的固定格式。因素数和水平个数不同所选用的正交表也不同。

表 8—1 是常用的正交水平表（详见书后的附表）。

各列水平均为 2 的常用正交表有：$L_4(2^3)$，$L_8(2^7)$，$L_{12}(2^{11})$，$L_{16}(2^{15})$，$L_{20}(2^{19})$，$L_{32}(2^{31})$。

各列水平数均为 3 的常用正交表有：$L_9(3^4)$，$L_{27}(3^{13})$。

各列水平数均为 4 的常用正交表有：$L_{16}(4^5)$。

各列水平数均为 5 的常用正交表有：$L_{25}(5^6)$。

正交表的规范格式通式是：

$$L_a(b^c)$$

其中：L 为正交表的代号；a 为试验的次数；b 为水平数；c 为列数，也就是可能安排的最多的因素个数。

例如 $L_9(3^4)$，它表示需做 9 次试验，最多可观察 4 个因素，每个因素均为 3 水平。

表 8—1　$L_9(3^4)$ 正交试验设计表

试验编号	列号（试验因素）			
	1	2	3	4
1	1	1	1	1
2	1	2	2	2

续前表

试验编号	列号（试验因素）			
	1	2	3	4
3	1	3	3	3
4	2	1	2	3
5	2	2	3	1
6	2	3	1	2
7	3	1	3	2
8	3	2	1	3
9	3	3	2	1

表 8—1 表明，$L_9(3^4)$ 正交表设计试验，最多可安排 4 个因素，每个因素设 3 个水平，一共 9 个试验，该表共 4 列，每列都由 1、2、3 三个数字组成，这三个数字是分类数字，代表三个不同的水平，叫水平号。如“1”代表第一个水平，“2”代表第二个水平，同理，“3”代表第三个水平，分别表示放在这一列因子的对应水平位置。在具体试验中，列出因子水平表后，正交表中的水平号要换成具体的水平数。这样，每一横行各因子的水平搭配起来，就成为一个试验条件，叫做水平组合或处理。如试验“1”四个因素的水平数都是用第一个水平。

2. 正交表的性质

正交表有两个重要性质，决定了用它设计多因子试验的科学性。一是任一列中，水平号出现的次数相同，如表 $L_9(3^4)$ 中，各列中水平号 1、2、3 的个数相同，每列中都有三个 1、三个 2 和三个 3，说明各因子所有水平的出现是均衡的；二是任两列之间各种不同水平的所有可能组合都出现，且对出现的次数相等，如 $L_9(3^4)$ 表中的 9 个试验组合中 (1、1)、(1、2)、(1、3)；(2、1)、(2、2)、(2、3)；(3、1)、(3、2) 和 (3、3) 每两种之间的组合均出现一次，说明任何两因子的水平搭配是均匀的，出现的机会相同，这在数学上叫正交性。正因为正交表具有正交性，所以用正交表安排的试验具有均衡分散和整齐可比的特性。

所谓均衡分散，就是用正交表选出来的这部分水平组合，在全部可能的水平组合中分布均匀，所以代表性强，能较好地反映全面情况。

正是由于正交表具有上述特点，就保证了用正交表安排的试验方案中因素水平是均衡搭配的，数据点的分布是均匀的。因素、水平数愈多，运用正交试验设计方法，愈发能显示出它的优越性，如 6 因素 3 水平试验，用全面搭配方案需 729 次，若用正交表 $L_{27}(3^{13})$ 来安排，则只需做 27 次试验。

三、正交设计的方法与步骤

1. 选择正交表的基本原则

一般都是先确定试验的因素、水平和交互作用，后选择适用的 L 表。在确定因素的水平数时，主要因素宜多安排几个水平，次要因素可少安排几个水平。

(1) 先看水平数。

若各因素全是 2 水平，就选用 $L(2^*)$ 表；若各因素全是 3 水平，就选 $L(3^*)$ 表。若各因素的水平数不相同，就选择适用的混合水平表。

(2) 考虑交互作用。

每一个交互作用在正交表中应占 1 列或 2 列，要看所选的正交表是否足够大，能否容纳得下所考虑的因素和交互作用。为了对试验结果进行方差分析或回归分析，还必须至少留一个空白列，作为“误差”列，在极差分析中要作为“其他因素”列处理。

(3) 要看试验精度的要求。

若要求高，试验的周期短，人力物力资源丰富，则宜取试验次数多的 L 表。

(4) 要看试验的费用。

若试验费用很昂贵、试验的周期长或试验的经费很有限，或人力和时间都比较紧张，则不宜选试验次数太多的 L 表。

(5) 决定正交表的大小。

对某因素或某交互作用的影响是否确实存在没有把握的情况下，选择 L 表时常为该选大表还是选小表而犹豫。若条件许可，应尽量选用大表，让影响存在的可能性较大的因素和交互作用各占适当的列。某因素或某交互作用的影响是否真的存在，留到方差分析进行显著性检验时再做讨论。这样既可以减少试验的工作量，又不至于漏掉重要的信息。

2. 选择正交表的基本步骤

现以本章的工作实例来说明各因素的水平不相同的正交表设计试验，其基本的设计步骤可分以下几步：

(1) 选择试验因子。

根据以往经验和理论上的参考，选择对试验影响最大而经济意义明显的因素作为试验因子。本章冠心苏合滴丸的工艺选择试验中，为什么要确定药物与基质的配比、药液温度、冷却剂温度作为试验因素呢？因为任务背景中交代得很清楚，这是通过生产和前期单因素筛选研究决定的。如没有前期的单因素试验可根据生产情况查阅相关的文献资料。

(2) 确定各因子的水平及水平间隔。

从数学理论的角度看正交试验设计因素的水平数越多越好，但一般不多于 6 个。各因素都选择 2 个水平显然太少，这样的试验往往找出的优水平和优水平组合是不可靠的。如将各因素的水平设为 4 个，这一试验设计的试验个数为 16 个，试验的工作量相对较大，成本也较高。如果各因素的水平设定为 3 个，该试验仅有 9 个处理（试验），同时又能获得较好的试验结果，所以本章冠心苏合滴丸的工艺选择试验的各因素水平选择为 3 个水平。一般来说，其中的“2”水平应是单因素试验的最佳水平，或者是文献报道的最好水平。

各因素的“2”水平确定后，如何确定“1”水平和“3”水平呢？首先，确定的原则是：第一，水平间隔要适当，即不能过大，也不能太小；第二，3 个水平之间一定要等距，即成等差数列。确定的方法与确定试验因素的方法相同。本任务冠心苏合滴丸的工艺

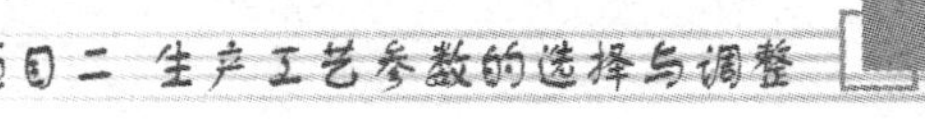

选择试验中各因素的水平详见表 8—2。

表 8—2　　冠心苏合滴丸的工艺选择试验各因素水平表

水平	试验因素		
	A（药物：基质）	B（药液温度/℃）	C（冷却剂温度/℃）
1	1∶1	70	4～6
2	1∶2	80	8～10
3	1∶3	90	12～14

（3）制作因素水平表。

正交试验设计的试验因素，各因素的水平确定后，就可以制作以正交试验设计各因素的水平表，如表 8—2 所示。

（4）选用合适的正交表。

所谓合适的正交表，就是根据列出的因素水平表及正交表的含义，来选择的一个适合本试验的对口正交表。选用原则是既要安排试验要考察的全部因素，又要使试验次数尽可能地少。这就需要注意 3 个方面的问题：一是看水平各多少，二是看因素有几个，三是看试验工作量大小。要求正交表能容纳的水平数与试验因子的水平数相等，正交表列数与试验因子数相当，最好多于试验因子数。如果考虑交互作用（两个或两个以上因素间相互作用效应）时安排因子间的交互作用。

例如，对于 3 因子 2 水平的试验，一般可从 $L_4(2^3)$ 和 $L_8(2^7)$ 中选择。前者因素和水平刚好符合试验要求，且试验次数少，后者因素多于试验要求，可以考虑交互作用，但试验次数较多，试验工作量大。这就要根据试验目的和要求来确定，若试验要求精确度高，可选用后者，若试验要求精确度较低，而试验周期长或费用大时，则选用前者。

本任务冠心苏合滴丸的工艺选择试验是 3 因子 3 水平的试验，可从 $L_9(3^4)$ 和 $L_{27}(3^{13})$ 中选择。两者因素和水平都能较好地符合试验要求，但前者的试验次数少，试验的成本较低。后者因素多于试验要求，可以考虑交互作用，但试验次数多达 27 个，试验工作量大，成本高。就本例来说，如不考虑各因素间的交互作用，就选择 $L_9(3^4)$ 正交表进行试验。如考虑各因素间的交互作用，就选择 $L_{27}(3^{13})$ 正交表进行试验。由于本试验有前期的单因素试验基础，在各因素的交互作用不明显的情况下，可以以 $L_9(3^4)$ 正交表进行试验。

（5）正交表的表头设计。

所谓表头设计，就是确定试验所考虑的因素和交互作用，在正交表中该放在哪一列的问题。具体说来，就是把试验中选择的各个具体因素填到选好的正交表表头的列号下，每一个竖列放置一个因素。在不考虑交互作用时，各因素的顺序原则上可任意放置，只要每一因素占一列即可。若考虑交互作用，则要留空列，从“二列间的交互作用表”查出交互作用出现在哪一列，就空哪一列，空列后再安排下一个因素（或选择现成的表头设计）。查表时，横列和直列交叉处的数字表示该两因素所应空出的交互作用列。

表 8—3　　$L_8(2^7)$ 正交表的表头设计

因素数＼列号	1	2	3	4	5	6	7
3	A	B	A×B	C	A×C	B×C	
4	A	B	A×B C×D	C	A×C B×D	B×C A×D	D
4	A	BC×D	A×B	C B×D	A×C	DB×C	A×D
5	AD×E	B C×D	A×B C×E	C B×D	A×C B×D	DA×E B×C	E A×D

表 8—4　　$L_{27}(3^{13})$ 正交表的表头设计

因素数＼列号	1	2	3	4	5	6	7	8	9	10	11	12	13
3	A	B	A×B		C	A×C		B×C			B×C		
4	A	A	A×B C×D	A×B	C	A×C B×D	A×C	B×C A×D	D	A×B	B×C	B×D	C×D

本任务冠心苏合滴丸的工艺选择试验的表头设计没有考虑交互作用，所以，3 个试验因素可以在 $L_9(3^4)$ 的 4 列中任意安排其中的 3 列。但我们最好还是按 $L_9(3^4)$ 表的列号顺序安排较好，因为，一般情况下第 3 列是第 1 列和第 2 列的交互列，所以本生产实例的表头设计如表 8—5 所示。

表 8—5　　冠心苏合滴丸的工艺选择正交试验表头设计表

$L_9(3^4)$ 表列号	1	2	3	4
因素	A（药物与基质比）	B（药液温度）	空	C（冷却剂温度）

（6）制订试验方案。

制订试验方案就是将各因素的具体水平对号入座，即在正交表中各列的水平号后写上对应因素的具体水平（加上括号）。本任务冠心苏合滴丸的工艺选择试验的具体试验方案如表 8—6 所示。

表 8—6　　$L_9(3^4)$ 表正交试验设计方案试验

试验编号	试验因素				试验结果
	A（药物：基质）	B（药液温度/℃）	空	C（冷却剂温度/℃）	（溶散时限）
1	1（1：1）	1（70）	1	1（4～6）	
2	1（1：1）	2（80）	2	2（8～10）	
3	1（1：1）	3（90）	3	3（12～14）	
4	2（1：2）	1（70）	2	3（12～14）	

续前表

试验编号	试验因素				试验结果
	A（药物：基质）	B（药液温度/℃）	空	C（冷却剂温度/℃）	（溶散时限）
5	2（1：2）	2（80）	3	1（4～6）	
6	2（1：2）	3（90）	1	2（8～10）	
7	3（1：3）	1（70）	3	2（8～10）	
8	3（1：3）	2（80）	1	3（12～14）	
9	3（1：3）	3（90）	2	1（4～6）	

必须指出，正交设计时，如不设置重复，就必须留空列。否则，因总自由度等于各因子自由度之和，而无误差自由度，误差就无法计算，不能进行方差分析。

单元二　试验数据的统计分析与寻优

正交试验方法之所以能得到科技工作者的重视并在实践中得到广泛的应用，其原因不仅在于能使试验的次数减少，而且能够用相应的方法对试验结果进行分析并引出许多有价值的结论。因此，用正交试验法进行试验，如果不对试验结果进行认真的分析，并引出应该引出的结论，那就失去用正交试验法的意义和价值。常用的分析方法有 3 种，极差分析方法、方差分析方法和回归分析方法。本节不涉及回归分析，但具体的分析方法可以参考回归与相关分析章节的相关内容。

一、极差分析法

极差分析法又叫直观分析法，是根据简单加减乘除运算的结果对试验的结果进行推断，现以本任务冠心苏合滴丸的工艺选择试验为例说明试验指标的统计分析过程。

表 8—7　　$L_9(3^4)$ **表正交试验设计结果统计**

试验编号	试验因素				试验结果
	A（药物：基质）	B（药液温度/℃）	空	C（冷却剂温度/℃）	（溶散时限）
1	1（1：1）	1（70）	1	1（4～6）	6.1
2	1（1：1）	2（80）	2	2（8～10）	6.0
3	1（1：1）	3（90）	3	3（12～14）	6.2
4	2（1：2）	1（70）	2	3（12～14）	4.7
5	2（1：2）	2（80）	3	1（4～6）	5.3
6	2（1：2）	3（90）	1	2（8～10）	6.1
7	3（1：3）	1（70）	3	2（8～10）	6.4
8	3（1：3）	2（80）	1	3（12～14）	6.6
9	3（1：3）	3（90）	2	1（4～6）	6.5
Σ_1	18.3	17.2	18.8	17.9	

续前表

试验编号	试验因素				试验结果
	A（药物：基质）	B（药液温度/℃）	空	C（冷却剂温度/℃）	（溶散时限）
Σ_2	16.1	17.9	17.2	18.5	
Σ_3	19.5	18.8	17.9	17.5	
$\bar{x}_1$	6.10	5.73	6.27	5.97	
$\bar{x}_2$	5.37	5.97	5.73	6.17	
$\bar{x}_3$	6.50	6.27	5.97	5.83	
R	1.13	0.54	0.54	0.34	

注：刘卫斌等：《正交设计研究冠心苏合滴丸的制备工艺》．《陕西中医》，2000（9）。

（一）试验指标统计计算

1. 计算各因素不同水平指标的总和（Σ_{FL}）

各因素不同水平的总和用“Σ_{FL}”表示，其中，Σ 表示总和，F 表示处理因素，本任务实例的因素有 3 个因素，分别是 A、B 和 C；L 表示处理因素的水平，本任务实例的三个因素分别有 3 个水平——1、2、3。A 因素的 1 水平的总和记作“Σ_{A1}”。

$$\Sigma_{A1}=6.1+6.0+6.2=18.3$$

$$\Sigma_{A2}=4.7+5.3+6.1=16.1$$

$$\Sigma_{A3}=6.4+6.6+6.5=19.5$$

同理计算出其他因素和空白列同一水平的总和，并把计算结填入试验方案（见表 8—6）具体计算结果如表 8—7 所示。

2. 计算各因素同一水平指标的平均值（$\bar{x}$）

A 因素 1 水平的平均数：$\bar{x}_1=18.3\div3=6.10$

A 因素 2 水平的平均数：$\bar{x}_2=16.1\div3=5.37$

A 因素 3 水平的平均数：$\bar{x}_3=19.5\div3=6.50$

同理计算出其他因素和空白列同一水平的平均值，并把计算结填入试验方案（见表 8—6）具体计算结果如表 8—7 所示。

3. 计算各因素不同水平指标的极差（R）

A 因素的极差：$R_A=6.50-5.37=1.13$

B 因素的极差：$R_B=6.27-5.73=0.54$

同理计算出其他因素和空白列各不同水平的极差，并把计算结填入试验方案（见表 8—6）具体计算结果如表 8—7 所示。

（二）试验指标统计结果分析

1. 确定优水平

确定优水平的方法是：根据大小和试验指标的性质确定试验因素的优水平。如本任务冠心苏合滴丸的工艺选择试验中，试验的指标是滴丸的溶散时限，根据滴丸剂型的要求，

一般溶散时限较小的就较好，即平均溶散时限小的比大的好，由此我们可以得出结论：A 因素的优水平是 A_2，即药物与基质比 1∶2 是优水平；B 因素的优水平是 B_1，即药液温度 70℃是优水平；C 因素的优水平是 C_3，即冷却剂温度 12～14℃是优水平。

2. 确定优水平组合

优组合就是各因素水平的组合，本任务冠心苏合滴丸的优工艺组合是 $A_2B_1C_3$。即药物与基比为 1∶2，药液温度为 70℃，冷却剂温度为 12～14℃时是冠心苏合滴丸的优工艺组合。

3. 确定各因素主次顺序

因素对指标影响的主次地位，由这个因素的水平变化时平均值波动幅度来决定，平均值波动幅度大，说明该因素的水平变化对指标的影响大，这个因素便是主要因素；平均值波动幅度小，说明该因素的水平变化对指标的影响小，这个因素则是次要因素。极差 R 值是衡量平均值波动幅度大小的指标。在本任务冠心苏合滴丸的工艺选择试验中，由于 3 个因素的 R 值排序是 $R_A > R_B > R_C$，那么这 3 个因素的主次顺序是 A→B→C。

4. 判断各因素的可靠性。

各因素 R 值的大小，是否能真正反映各因素对指标的影响，须将其 R 值与空列 R 值比较，初步估计因素对指标的影响的可靠程度，如因素 R 值大于空列 R 值，说明因素对指标的影响是可靠的，反之则不可靠。因为因素 R 值包括因素本身对指标的影响和误差两部分，而空列 R 值不含因素影响，只有误差部分，所以用它作为各因素是否可靠的界限。

在本例中，空列的 R 值是 0.54，A 因素的 R 值 >0.54，B 因素的 R 值刚好等于 0.54，说明 A、B 两因素对指标的影响是可靠的；C 因素的 R 值 <0.54。说明 C 因素对指标的影响是不可靠的。

二、方差分析法

简单、方便是极差分析法的优点，但其结果的可靠性没有概率保证，这是其不足之处。为使试验结果的分析更加准确可靠，可进行方差分析。正交试验的方差分析、原理和方法与成组试验设计的方差分析方法相同，也有重复和无重复试验两种。现以本任务冠心苏合滴丸的工艺选择试验的无重复方差分析法为例简单介绍方差分析的过程。

（一）试验指标统计计算

1. 计算矫正数（C）

$$C = \frac{\left(\sum\sum x\right)^2}{nk} = \frac{53.9^2}{3\times 3} = 322.8011$$

式中，n 是试验因素的个数，k 是各因素水平的个数。

2. 平方和的剖分

（1）总平方和（SS_T）。

$$SS_T = \Sigma\Sigma x^2 - C = 6.1^2 + 6^2 + \cdots\cdots + 6.5^2 - C = 3.0089$$

总平方和也可以用 Excel 自带函数公式（DEVSQ）直接计算（具体操作略）。

（2）A 因素的平方和（SS_A）。

$$SS_A = \frac{1}{a}(\sum A_1^2 + \sum A_2^2 + \sum A_3^2) - C$$
$$= \frac{1}{3}(18.3^2 + 16.1^2 + 19.5^2) - 322.801\ 1 = 1.982\ 2$$

式中，a 是 A 试验因素同一水平的个数。

(3) B 因素的平方和（SS_B）。

$$SS_B = \frac{1}{b}(\sum B_1^2 + \sum B_2^2 + \sum B_3^2) - C$$
$$= \frac{1}{3}(17.2^2 + 17.9^2 + 18.8^2) - 322.801\ 1 = 0.428\ 9$$

式中，b 是 B 试验因素同一水平的个数。

(4) C 因素的平方和（SS_C）。

$$SS_C = \frac{1}{c}(\sum C_1^2 + \sum C_2^2 + \sum C_3^2) - C$$
$$= \frac{1}{3}(17.9^2 + 18.5^2 + 17.5^2) - 322.801\ 1 = 0.168\ 9$$

式中，c 是 C 试验因素同一水平的个数。

(5) 误差平方和（SS_e）。

$$SS_e = SS_T SS_A - SS_B - SS_C = 3.008\ 9 - 1.982\ 2 - 0.428\ 9 - 0.168\ 9$$
$$= 0.428\ 9$$

3. 自由度的剖分

(1) 总自由度（df_T）等于试验的个数减 1。

$$df_T = N - 1 = 9 - 1 = 8$$

(2) 因素 A 的自由度（df_A）等于 A 因素水平的个数减 1。

$$df_A = k_A - 1 = 3 - 1 = 2$$

(3) 因素 B 的自由度（df_B）等于 B 因素水平的个数减 1。

$$df_B = k_B - 1 = 3 - 1 = 2$$

(4) 因素 C 的自由度（df_C）等于 A 因素水平的个数减 1。

$$df_C = k_C - 1 = 3 - 1 = 2$$

(5) 误差（残差）自由度（df_e）等于总自由度减去各因素的自由度。

$$Df_e = df_T - df_A - df_B - df_C = 8 - 2 - 2 - 2 = 2$$

4. 均方值（MS）的计算

各因素的均方值（MS）等于各因素的平方和除以它的自由度：如 A 因素的均方值（MS_A）为：

$MS_A = SS_A \div df_A = 1.982\ 2 \div 2 = 0.991\ 1$

其他因素均方值的计算方法相同，在此省略。

5. *计算 F 值，列方差分析表*

各因素的 F 值等于各因素的均方值除以误差均方值：如 A 因素的 F 值（F_A）。$F_A=MS_A \div MS_e=0.9911 \div 0.2145=4.6205$，其他因素 F 值的计算方法相同，在此省略。列出方差分析表，并把以上的计算结果填入表中，其结果如表 8—8 所示。

表 8—8　$L_9(3^4)$ 表正交试验设计结果方差分析表

变异原因	SS（平方和）	df（自由度）	MS（均方值）	F	P（概率）
A（药物与基比）	1.982 2	2	0.991 1	4.620 5	0.046 4
B（药液温度）	0.428 9	2	0.214 5	1	0.409 6
C（冷却剂温度）	0.168 9	2	0.084 5	0.393 9	0.686 8
误 差	0.428 9	2	0.214 5		
总 和	3.008 9	8			

注：方差分析表是一种较为固定的格式。

6. *方差分析概率的计算*

方差分析的概率需要用 Excel 自带的函数公式（FDIST）进行计算。现以计算本任务实例 A 因素方差的概率为例说明计算的过程：

第一步，把方差分析表复制到 Excel 表中，并用鼠标选中结果输出的单元格（F2），就出现图 8—1 所示结果。

文件(F) 编辑(E) 视图(V) 插入(I) 格式(O) 工具(T) 数据(D) 窗口(W) 帮助(H)

F2 fx

	A	B	C	D	E	F	G
1	变异原因	SS（平方和）	df（自由度）	MS（均方值）	F	P（概率）	
2	A（药物与基比）	1.9822	2	0.9911	4.6205		
3	B（药液温度）	0.4289	2	0.2145	1		
4	C（冷却剂温度）	0.1689	2	0.0845	0.3939		
5	误 差	0.4289	2	0.2145			
6	总 和	3.0089	8				

图 8—1　计算方差分析结果表

第二步，用鼠标点击编辑栏中的“fx”，于是就出现图 8—2 所示结果。

第三步，在图 8—2 所示对话框的“选择类别”的选项框里，选择“统计”；在“选择函数”选项框中，选择函数“FDIST”，并用鼠标点击“确定”按钮后，便弹出“函数参数”对话框，根据对话框提示，在“X”后面的输入框里，用鼠标点击选择 F 值的单元格（E2）；在“Deg _ freedom1”（自由度 1）后的输入框内填写 A 因素的自由度“2”，在“Deg _ freedom2”（自由度 1）后的输入框内填写总自由度“8”，如图 8—3 所示。

第四步，用鼠标点击图 8—3 所示对话框的“确定”按钮，出现图 8—4 所示的结果，即 A 因素方差的概率是 0.046 356 4。

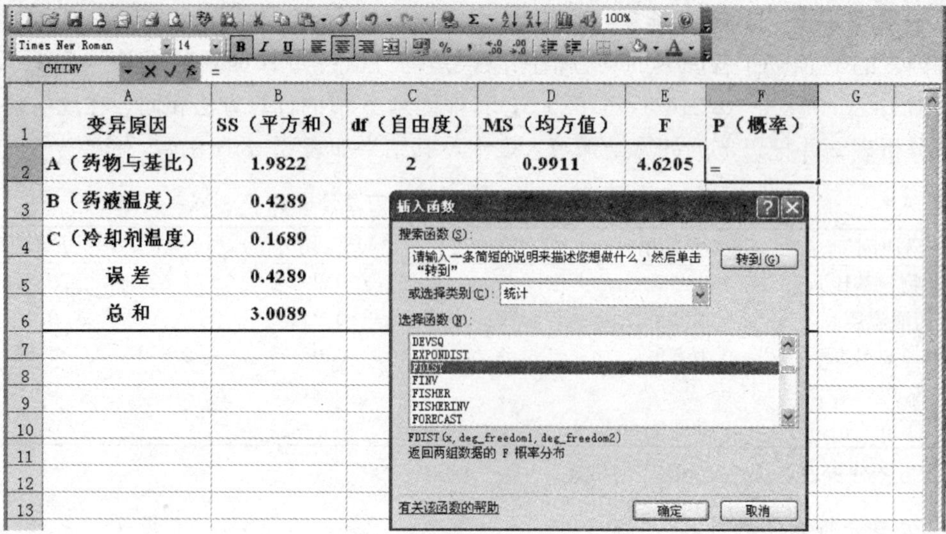

图 8—2 “插入函数”对话框

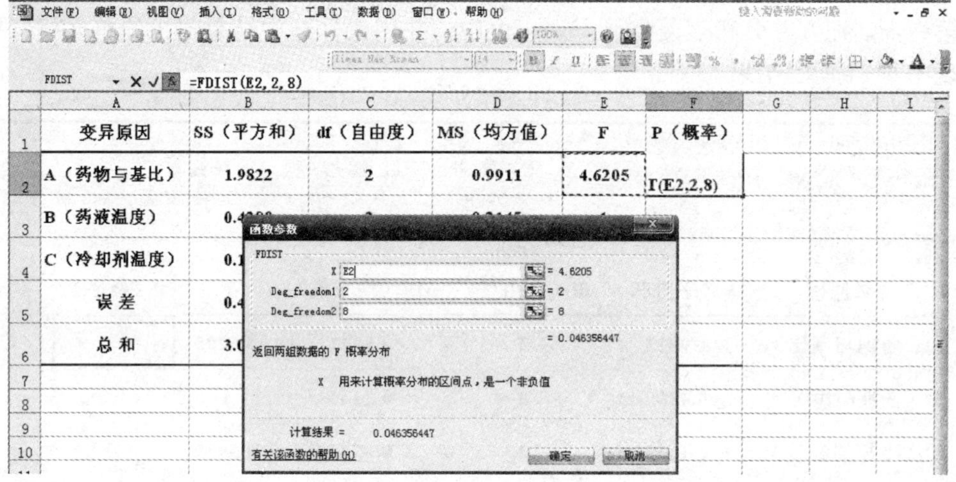

图 8—3 “函数参数”对话框

F2 =FDIST(E2,2,8)

变异原因	SS（平方和）	df（自由度）	MS（均方值）	F	P（概率）
A（药物与基比）	1.9822	2	0.9911	4.6205	0.0463564
B（药液温度）	0.4289	2	0.2145	1	
C（冷却剂温度）	0.1689	2	0.0845	0.3939	
误 差	0.4289	2	0.2145		
总 和	3.0089	8			

图 8—4 函数“FDIST”计算出的 A 因素概率

同样的操作可计算出因素B和C方差分析的概率分别是0.409 6和0.686 8，如表8—8所示。

（二）方差分析的结果推断

由于A因素的概率小于0.05，即差异显著，说明A因素对指标的影响是可靠的；B因素和C因素方差分析的概率大于0.05，即差异不显著，说明B、C两因素对指标的影响是不可靠的。在这里我们看到极差分析法和方差分析法对B因素的推断不同，极差分析B因素是可靠的，方差分析是不可靠的。B因素究竟是可靠还是不可靠呢？笔者建议以方差分析为准，即B因素是不可靠的。

方差分析也能对试验因素影响指标的强度进行推断，因素的概率越小，其影响作用就越大，根据概率的排序，3个因素的主次顺序是A>B>C，这和极差分析的结果相同。

应当指出的是，方差分析仅仅是对因素影响的可靠性和影响强度进行评价或者推断，不能选择优水平和优组合。极差分析虽然能选择优水平和优组合，但可能不是最优的水平和最优的组合，因为极差分析的优水平和优组合都是在设计的条件下做出的选择，不是真实的最优，如果要找出真正的最优需用回归分析。

小 结

正交试验设计是研究多因素多水平的又一种设计方法，它是根据正交性，利用正交试验表，从全面试验中挑选出部分有代表性的点进行试验。目前，许多国家都非常重视正交试验设计的研究和推广。适合安排3个或3个以上的试验因素，每个试验因素有2～4个水平，通过试验分析判断试验因素的主次顺序，并寻求各因素的优水平和因素与水平的优组合。

日本著名的统计学家田口玄一将正交试验选择水平组合列成表格，称为正交表。用正交表安排多因素试验的方法，称为正交试验设计。正交表的规范格式通式是：L_a（b^c），L为正交表的代号，a为试验的次数，b为水平数，c为列数，也就是可能安排的最多的因素个数。

正交表有两个重要性质，决定了用它设计多因子试验的科学性。一是任一列中，水平号出现的次数相同，即各因子所有水平的出现是均衡的；二是任两列之间各种不同水平的所有可能组合都出现，且对出现的次数相等，即任何两因子的水平搭配是均匀的，出现的机会相同，这在数学上叫正交性。

选择正交表的基本步骤：第一步，选择试验因子；第二步，确定各因子的水平及水平间隔；第三步，制作因素水平表；第四步，选用合适的正交表；第五步，设计正交表的表头；第六步，制订试验方案。

正交试验设计分析统计分析的方法主要有三个，其一是极差分析法，其二是方差分析法，其三是回归分析法。每种分析方法都其优点和不足。

极差分析的统计运算简单，能分析影响因素的主次顺序，能对优水平和优组合进行选择，但可能不是最优的水平和最优的组合，因为极差分析的优水平和优组合都是在设计的条件下做出的选择，不是真实的最优，如果要找出真正的最优需用回归分析。极差分析也能初步推断因素对指标的影响的可靠程度。

方差分析的统计运算较为复杂，能对因素影响的可靠性和影响强度进行评价或者推断，但不能选择优水平和优组合。

课后训练

一、基础知识训练（单项选择）

1. 在正交表选择时，正交表的水平数要______试验因素的水平数。

A. 相等　B. 大于　C. 小于　D. 都对

2. 在正交表选择时，正交表的列数要______试验因素的个数。

A. 相等　B. 大于　C. 小于　D. 都对

3. 正交试验设计中，表头设计的目的是______。

A. 确定试验因素的水平　B. 确定试验因素的个数

C. 确定试验因素的位置　D. 确定试验指标的水平

4. 在正交分析时，根据 R 值确定______。

A. 优组合　B. 优水平　C. 主次顺序　D. 都不是

5. 在正交分析时，根据 $\bar{x}$ 值确定______。

A. 优组合　B. 优水平

C. 主次顺序　D. 优水平和优组合

6. 在正交分析时，根据 F 值确定影响因素的______。

A. 可靠性　B. 精确性　C. 主次顺序　D. 都不是

7. 在正交试验设计分析中，能选择最佳工艺条件的分析方法是______。

A. 极差分析　B. 方差分析　C. 回归分析　D. 相关性分析

二、基本技能训练

1. 把本任务背景中冠心苏合滴丸的溶散时限质量指标改成外观质量评分，3 个影响因素等其他条件不变，设计一个 3 因素 3 水平的正交试验方案。

2. 假设试验的数据是：8.5、9.0、7.5、7.5、8.0、7.0、6.0、5.5、4。请你对试验所得的数据进行处理分析，找出优组合工艺。

三、拓展能力训练

1. 某制药厂在试制某种新药的过程中，为提高收率考虑 A、B、C、D 四个因素，预试验或查阅资料得到 A、B、C、D 四个因素的最高收率水平分别是：3、5、4、6。每个因素各取 3 个水平，如选用正交表 $L_9(3^4)$ 进行试验（其中收率越高越好）。

（1）请你设计一个完整的试验方案；

（2）假设试验的结果是：51、71、58、82、69、59、77、85 和 84。使用直观分析法和方差分析法分析试验结果，找出因素的主次顺序（显著性）和最优试验方案。

2. 某食品厂为提高山楂原料的利用率，研究酶法液化工艺制造山楂原汁，拟通过正交试验来寻找酶法液化的最佳工艺条件。通过文献资料和食品品质标准可知，评价山楂原汁的指标较多，可为定量指标，如强度、硬度、产量、出品率、成本等，也可为定性指标，如颜色、口感、光泽等。一般为了便于试验结果的分析，定性指标可按相关的标准打分或模糊数学处理进行量化，将定性指标定量化。本试验目的是为了提高山楂原料的利用

率。所以可以以液化率$\left(\text{液化率}=\frac{\text{果肉重量}-\text{液化后残渣重量}}{\text{果肉重量}}\times 100\%\right)$为试验指标，来评价液化工艺条件的好坏。液化率越高，山楂原料利用率就越高。影响山楂液化率的因素很多，如山楂品种、山楂果肉的破碎度、果肉加水量、原料 pH 值、果胶酶种类、加酶量、酶解温度、酶解时间等。在原料和设备一定的情况下，果肉加水量、加酶量、酶解温度和酶解时间是影响山楂原汁的主要因素。前期每个单因素试验结果显示，当果肉加水量为50mL/100g，加酶量 4mL/100g，酶解时间为 2.5h，酶解温度为 35℃时山楂液化率最高。请你根据以上背景资料完成下列任务：

（1）以果肉加水量、加酶量、酶解温度和酶解时间为处理因素，山楂原料液化率为试验目标，设计一个完整规范的 4 因素 3 水平正交试验方案。

（2）如果按你设计的试验方案进行试验，得到的结果是：0、17、24、12、47、28、5、18 和 42。使用极差（直观）分析法和方差分析法分析试验结果，找出因素的主次顺序（显著性）和最优试验方案。

附 录

附表 1 检验相关性显著性的临界值表

$$P\{|r|>r_{\alpha/2}\}=\alpha$$

df	α				
	0.10	0.05	0.02	0.01	0.001
1	0.987 69	0.996 92	0.999 507	0.998 77	0.999 998 8
2	0.900 00	0.950 00	0.980 00	0.990 00	0.999 00
3	0.805 4	0.878 3	0.934 33	0.958 73	0.991 16
4	0.729 3	0.811 4	0.882 2	0.917 20	0.974 06
5	0.669 4	0.754 5	0.832 9	0.874 5	0.950 74
6	0.621 5	0.706 7	0.832 9	0.874 3	0.924 93
7	0.582 2	0.666 4	0.749 8	0.797 7	0.898 2
8	0.540 4	0.631 9	0.715 5	0.764 6	0.872 1
9	0.521 4	0.602 1	0.685 1	0.734 8	0.847 1
10	0.497 3	0.576 0	0.658 1	0.707 9	0.823 3
11	0.476 2	0.552 9	0.633 9	0.683 5	0.801 0
12	0.457 5	0.532 4	0.612 0	0.661 4	0.780 0
13	0.449 0	0.531 9	0.592 3	0.641 1	0.760 3
14	0.425 9	0.497 3	0.574 2	0.622 6	0.742 0
15	0.412 4	0.482 1	0.557 7	0.605 5	0.724 6
16	0.400 0	0.468 3	0.542 5	0.589 7	0.7084
17	0.388 7	0.455 5	0.528 5	0.575 1	0.693 2
18	0.378 3	0.443 8	0.551 5	0.561 4	0.678 7
19	0.368 7	0.432 9	0.500 4	0.548 7	0.665 2
20	0.359 8	0.422 7	0.492 1	0.536 8	0.6524
25	0.323 3	0.3809	0.445 1	0.486 9	0.597 4
30	0.296 0	0.349 4	0.409 3	0.448 7	0.554 1
35	0.274 6	0.324 6	0.381 0	0.418 2	0.518 9
40	0.257 3	0.304 4	0.357 8	0.393 2	0.489 8
45	0.242 8	0.297 5	0.338 4	0.372 1	0.464 8

续前表

df	α				
	0.10	0.05	0.02	0.01	0.001
50	0.230 6	0.273 2	0.321 8	0.354 1	0.443 2
60	0.210 8	0.250 0	0.294 8	0.324 8	0.407 8
70	0.195 4	0.231 9	0.273 7	0.301 7	0.379 9
80	0.182 9	0.271 7	0.256 5	0.283 0	0.356 8
90	0.172 6	0.205 0	0.242 2	0.267 3	0.337 5
100	0.163 8	0.194 6	0.230 1	0.254 0	0.321 1

附表 2　　**常用正交表（$m=2$）**

$L_4(2^3)$

试验号	列　号		
	1	2	3
1	1	1	1
2	1	2	2
3	2	1	2
4	2	2	1

$L_8(2^7)$

试验号	列　号						
	1	2	3	4	5	6	7
2	1	1	1	2	2	2	2
3	1	2	2	1	1	2	2
4	1	2	2	2	2	1	1
5	2	1	2	1	2	1	2
6	2	1	2	2	1	2	1
7	2	2	1	1	2	2	1
8	2	2	1	2	1	1	2

$L_{12}(2^{11})$

试验号	列　号										
	1	2	3	4	5	6	7	8	9	10	11
1	1	1	1	1	1	1	1	1	1	1	1
2	1	1	1	1	1	2	2	2	2	2	2
3	1	1	2	2	2	1	1	1	2	2	2

续前表

试验号	列号										
	1	2	3	4	5	6	7	8	9	10	11
4	1	2	1	2	2	1	2	2	1	1	2
5	1	2	2	1	2	2	1	2	1	2	1
6	1	2	2	2	1	2	2	1	2	1	1
7	2	1	2	2	1	1	2	2	1	2	1
8	2	1	2	1	2	2	2	1	1	1	2
9	2	1	1	2	2	2	1	2	2	1	1
10	2	2	2	1	1	1	1	2	2	1	2
11	2	2	1	2	1	2	1	1	1	2	2
12	2	2	1	1	2	1	2	1	2	2	1

$L_{16}(2^{15})$

试验号	列号														
	1	2	3	4	5	6	7	8	9	10	11	12	13	14	15
1	1	1	1	1	1	1	1	1	1	1	1	1	1	1	1
2	1	1	1	1	1	1	1	2	2	2	2	2	2	2	2
3	1	1	1	2	2	2	2	1	1	1	1	2	2	2	2
4	1	1	1	2	2	2	2	2	2	2	2	1	1	1	1
5	1	2	2	1	1	2	2	1	1	2	2	1	1	2	2
6	1	2	2	1	1	2	2	2	2	1	1	2	2	1	1
7	1	2	2	2	2	1	1	1	1	2	2	2	2	1	1
8	1	2	2	2	2	1	1	2	2	1	1	1	1	2	2
9	2	1	2	1	2	1	2	1	2	1	2	1	2	1	2
10	2	1	2	1	2	1	2	2	1	2	1	2	1	2	1
11	2	1	2	2	1	2	1	1	2	1	2	2	1	2	1
12	2	1	2	2	1	2	1	2	1	2	1	1	2	1	2
13	2	2	1	1	2	2	1	1	2	2	1	1	2	2	1
14	2	2	1	2	1	1	2	1	2	2	1	2	1	1	2
15	2	2	1	2	1	1	2	2	1	1	2	1	2	2	1

附表 3 **常用正交表（$m=3$）**

$L_9(3^4)$

试验号	列号			
	1	2	3	4
1	1	1	1	1

续前表

试验号	列号			
	1	2	3	4
2	1	2	2	2
3	1	3	3	3
4	2	1	2	3
5	2	2	3	1
6	2	3	1	2
7	3	1	3	2
8	3	2	1	3
9	3	3	2	1

$L_{18}(3^7)$

试验号	列号						
	1	2	3	4	5	6	7
1	1	1	1	1	1	1	1
2	1	2	2	2	2	2	2
3	1	3	3	3	3	3	3
4	2	1	1	2	2	3	3
5	2	2	2	3	3	1	1
6	2	3	3	1	1	2	2
7	3	1	2	1	3	2	3
8	3	2	3	2	1	3	1
9	3	3	1	3	2	1	2
10	1	1	3	3	2	2	1
11	1	2	1	1	3	3	2
12	1	3	2	2	1	1	3
13	2	1	2	3	1	3	2
14	2	2	3	1	2	1	3
15	2	3	1	2	3	2	1
16	3	1	3	2	3	1	2
17	3	2	1	3	1	2	3
18	3	3	2	1	2	3	1

$L_{27}(3^{14})$

试验号	列号												
	1	2	3	4	5	6	7	8	9	10	11	12	13
1	1	1	1	1	1	1	1	1	1	1	1	1	1
2	1	1	1	1	2	2	2	2	2	2	2	2	2
3	1	1	1	1	3	3	3	3	3	3	3	3	3
4	1	2	2	2	1	1	1	2	2	2	3	3	3
5	1	2	2	2	2	2	2	3	3	3	1	1	1
6	1	2	2	2	3	3	3	1	1	1	2	2	2
7	1	3	3	3	1	1	1	3	3	3	2	2	2
8	1	3	3	3	2	2	2	1	1	1	3	3	3
9	1	3	3	3	3	3	3	2	2	2	1	1	1
10	2	1	2	3	1	2	3	1	2	3	1	2	3
11	2	1	2	3	2	3	1	2	3	1	2	3	1
12	2	1	2	3	3	1	2	3	1	2	3	1	2
13	2	2	3	1	1	2	3	2	3	1	3	1	2
14	2	2	3	1	2	3	1	3	1	2	1	2	3
15	2	2	3	1	3	1	2	1	2	3	2	3	1
16	2	3	1	2	1	2	3	3	1	2	2	3	1
17	2	3	1	2	2	3	1	1	2	3	3	1	2
18	2	3	1	2	3	1	2	2	3	1	1	2	3
19	3	1	3	2	1	3	2	1	3	2	1	3	2
20	3	1	3	2	2	1	3	2	1	3	2	1	3
21	3	1	3	2	3	2	1	3	2	1	3	2	1
22	3	2	1	3	1	3	2	2	1	3	3	2	1
23	3	2	1	3	2	1	3	3	2	1	1	3	2
24	3	2	1	3	3	2	1	1	3	2	2	1	3
25	3	3	2	1	1	3	2	3	2	1	2	1	3
26	3	3	2	1	2	1	3	1	3	2	3	2	1
27	3	3	2	1	3	2	1	2	1	3	1	3	2

附表 4 **常用正交表（m=4）**

$L_{18}(4^5)$

试验号	列号				
	1	2	3	4	5
1	1	1	1	1	1
2	1	2	2	2	2

续前表

试验号	列号				
	1	2	3	4	5
3	1	3	3	3	3
4	1	4	4	4	4
5	2	1	2	3	4
6	2	2	1	4	3
7	2	3	4	1	2
8	2	4	3	2	1
9	3	1	3	4	2
10	3	2	4	3	1
11	3	3	1	2	4
12	3	4	2	1	3
13	4	1	4	2	3
14	4	2	3	1	4
15	4	3	2	4	1
16	4	4	1	3	2

$L_{32}(4^9)$

试验号	列号								
	1	2	3	4	5	6	7	8	9
1	1	1	1	1	1	1	1	1	1
2	1	2	2	2	2	2	2	2	2
3	1	3	3	3	3	3	3	3	3
4	1	4	4	4	4	4	4	4	4
5	2	1	1	2	2	3	3	4	4
6	2	2	2	1	1	4	4	3	3
7	2	3	3	4	4	1	1	2	2
8	2	4	4	3	3	2	2	1	1
9	3	1	2	3	4	1	2	3	4
10	3	2	1	4	3	2	1	4	3
11	3	3	4	1	2	3	4	1	2
12	3	4	3	2	1	4	3	2	1
13	4	1	2	4	3	3	4	2	1
14	4	2	1	3	4	4	3	1	2
15	4	3	4	2	1	1	2	4	3

续前表

试验号	列号								
	1	2	3	4	5	6	7	8	9
16	4	4	3	1	2	2	1	3	4
17	1	1	4	1	4	2	3	2	3
18	1	2	3	2	3	1	4	1	4
19	1	3	2	3	2	4	1	4	1
20	1	4	1	4	1	3	2	3	2
21	2	1	4	2	3	4	1	3	2
22	2	2	3	1	4	3	2	4	1
23	2	3	2	4	1	2	3	1	4
24	2	4	1	3	2	1	4	2	3
25	3	1	3	3	1	2	4	4	2
26	3	2	4	4	2	1	3	3	1
27	3	3	1	1	3	4	2	2	4
28	3	4	2	2	4	3	1	1	3
29	4	1	3	4	2	4	2	1	3
30	4	2	4	3	1	3	1	2	4
31	4	3	1	2	4	2	4	3	1
32	4	4	2	1	3	1	3	4	2

附表 5 **常用正交表（混合型）**

$L_6(4\times 2^4)$

试验号	列号				
	1	2	3	4	5
1	1	1	1	1	1
2	1	2	2	2	2
3	2	1	1	2	2
4	2	2	2	1	1
5	3	1	2	1	2
6	3	2	1	2	1
7	4	1	2	2	1
8	4	2	1	1	2

$L_{12}(3\times2^3)$

试验号	列 号			
	1	2	3	4
1	1	1	1	1
2	1	2	1	2
3	1	1	2	2
4	1	2	2	1
5	2	1	1	2
6	2	2	1	1
7	2	1	2	1
8	2	2	2	2
9	3	1	1	1
10	3	2	1	2
11	3	1	2	2
12	3	2	2	1

$L_{18}(2\times3^7)$

试验号	列 号							
	1	2	3	4	5	6	7	8
1	1	1	1	1	1	1	1	1
2	1	1	2	2	2	2	2	2
3	1	1	3	3	3	3	3	3
4	1	2	1	1	2	2	3	3
5	1	2	2	2	3	3	1	1
6	1	2	3	3	1	1	2	2
7	1	3	1	2	1	3	2	3
8	1	3	1	3	2	1	3	1
9	1	3	3	1	3	2	1	2
10	2	1	1	3	3	2	2	1
11	2	1	2	1	1	3	3	2
12	2	1	3	2	2	1	1	3
13	2	2	1	2	3	1	3	2
14	2	2	2	3	1	2	1	3
15	2	2	3	1	2	3	2	1

续前表

试验号	列号							
	1	2	3	4	5	6	7	8
16	2	3	1	3	2	3	1	2
17	2	3	2	1	3	1	2	3
18	2	3	3	2	1	2	3	1

附表 6 **$L_{27}(3^{13})$ 二列间的交互作用**

1	2	3	4	5	6	7	8	9	10	11	12	13	列号
(1)	3 4	2 4	2 3	6 7	5 7	5 6	9 10	8 10	8 9	12 13	11 13	11 12	1
	(2)	1 4	1 3	8 11	9 12	10 13	5 11	6 12	7 13	5 8	6 9	7 10	2
		(3)	1 2	9 13	10 11	8 12	7 12	5 13	6 11	6 10	7 8	5 9	3
			(4)	10 12	8 13	9 11	6 13	7 11	5 12	7 9	5 10	6 8	4
				(5)	1 7	1 6	2 11	3 13	4 12	2 8	4 10	3 9	5
					(6)	1 5	4 13	2 12	3 11	3 10	2 9	4 8	6
						(7)	3 12	4 11	2 13	4 9	2 8	2 10	7
							(8)	1 10	1 9	2 5	3 7	4 6	8
								(9)	1 8	4 7	2 6	3 5	9
									(10)	3 6	4 5	2 7	10
										(11)	1 13	1 12	11
											(12)	1 11	12
												(13)	13

图书在版编目（CIP）数据

制药试验设计与统计技术/陈秀虎，杨敏主编.
北京：中国人民大学出版社，2010
21世纪高职高专规划教材·生化制药系列
ISBN 978-7-300-12487-2

Ⅰ. ①制…
Ⅱ. ①陈… ②杨敏
Ⅲ. ①制药工业-实验-高等学校：技术学校-教材 ②制药工业-医学统计-高等学校：技术学校-教材
Ⅳ. ①TQ46－33 ②R195.1

中国版本图书馆CIP数据核字（2010）第140291号

21世纪高职高专规划教材·生化制药系列
制药试验设计与统计技术
主　编　陈秀虎　杨　敏
副主编　苏成柏
参　编　黄永敬　刘细群　李长洪　唐小付
主　审　白厚义

出版发行	中国人民大学出版社		
社　　址	北京中关村大街31号	**邮政编码**	100080
电　　话	010－62511242（总编室）		010－62511398（质管部）
	010－82501766（邮购部）		010－62514148（门市部）
	010－62515195（发行公司）		010－62515275（盗版举报）
网　　址	http://www.crup.com.cn		
	http://www.ttrnet.com(人大教研网)		
经　　销	新华书店		
印　　刷	三河汇鑫印务有限公司		
规　　格	185 mm×260 mm　16开本	**版　　次**	2010年8月第1版
印　　张	9.75	**印　　次**	2017年6月第2次印刷
字　　数	209 000	**定　　价**	22.00元

教师信息反馈表

为了更好地为您服务，提高教学质量，中国人民大学出版社愿意为您提供全面的教学支持，期望与您建立更广泛的合作关系。请您填好下表后以电子邮件或信件的形式反馈给我们。

您使用过或正在使用的我社教材名称		版次	
您希望获得哪些相关教学资料			
您对本书的建议（可附页）			
您的姓名			
您所在的学校、院系			
您所讲授的课程名称			
学生人数			
您的联系地址			
邮政编码		联系电话	
电子邮件（必填）			
您是否为人大社教研网会员	□ 是　会员卡号：________ □ 不是，现在申请		
您在相关专业是否有主编或参编教材意向	□ 是　　□ 否 □ 不一定		
您所希望参编或主编的教材的基本情况（包括内容、框架结构、特色等，可附页）			

我们的联系方式：北京市海淀区中关村大街 31 号
中国人民大学出版社教育分社
邮政编码：100080
电话：010－62515912
网址：http://www.crup.com.cn/jiaoyu/
E－mail：jyfs_2007@126.com